平凡社新書
1075

10人の思想家から学ぶ
軍事戦略入門

石津朋之
ISHIZU TOMOYUKI

HEIBONSHA

10人の思想家から学ぶ 軍事戦略入門●目次

第四章　エーリヒ・ルーデンドルフ——総力戦思想の提唱者……… 141

第五章　ハンス・デルブリュック——「近代軍事史」を確立……177

第六章　アルフレッド・セイヤー・マハン――海軍戦略の提唱者……205

序章――「戦争」を考える

本書は近現代ヨーロッパを中心に軍事戦略思想を論じた書であるが、ここでは、戦争と平和について考えることから始めてみよう。なお、本文中に付した番号は、その記述に関連した著作があることを示している。「読書案内」としてそれらの著作を本章末で紹介しているので、ぜひ読んでいただきたい。

戦争とは何かを考える際、最初に手に取るべき著書は古代ギリシアの歴史家トゥキュディデス（紀元前四六〇年頃～紀元前四〇〇年頃）の『歴史（戦史）』であろう。[①] とりわけ戦争の原因について考えるためには、彼が示した「三つの要素」は示唆に富む。

トゥキュディデスは古代ギリシア世界のスパルタとアテネの戦争、ペロポネソス戦争（紀元前四三一～紀元前四〇四年）について記した『歴史』で、戦争が勃発する原因として「利益」、「名誉」、「恐怖」という三つの要素を挙げた。富の追求、名誉への欲望、恐怖から逃れようとする行為が、人々を戦争へと駆り立てると言うのである。

なるほどトゥキュディデスは、この三つの要素を明示してはいないが、例えば『歴史』には、「(前略)与えられた支配権を引き受けた以上は、体面と恐怖と利益の三大動機に把えられて我々は支配圏を手放せなくなったのだ」。「つまり、何人も無知のために戦争に追いやられる者はなく、戦うことが利益になると考えればこそ、恐怖があっても戦いを避けない。ある者には恐怖よりも戦争による利益が重大に思え、また他の者には目前の損失を我慢するより、戦争の危険を耐えるほうを選ぶ」といった記述が見られる。

彼が示した三つの要素の中でもとりわけ「恐怖」と戦争の原因の関係性は注目に値する。確かに『歴史』には、以下のような記述が見られる。「アテナイが強大になり、ラケダイモン人(スパルタ人)に恐怖をもたらしたことが戦争を必然ならしめた(後略)」。「アテナイの勢力拡大をラケダイモン人自身が恐れたからであった」。「シュラクサイに対して嫉妬や恐れを抱いて——この二つの感情は強者にとっては逃れられないものであるが——(後略)」。「我々が恐怖から支配圏を維持している点はすでに述べた通りだが——(後略)」。

アメリカの国際政治学者ドナルド・ケーガンはその著『戦争の原因と平和の維持について』(未邦訳)で、なぜ国家は戦争を行うのかとの問いに対し、このトゥキュディデスの三つの要素を手掛りにペロポネソス戦争、ローマとカルタゴの第二次ポエニ戦争(紀元前二一八〜紀元前二〇一年)、第一次世界大戦(一九一四〜一八年)、第二次世界大戦(一九三九〜四五年)、そして、戦争の目前にまで発展した一九六二年のキューバ危機(及び一九六一年のベルリン危機）を事例として分析を試みた。[②]

同書でケーガンは、「戦争全般を根絶することなど不可能である。なぜなら、平和が絶対的な善であるとは到底考えられないからである。但し、ある特定の戦争（争い）であれば回避可能である」という興味深い指摘を行った。彼によれば、平和はそのままでは維持できない。平和を維持するためには戦争を行うのと同様、積極的な努力、計画、資源の投入、そして何よりも犠牲が求められる。つまり、平和は静的な存在ではなく、常に変化する過程（プロセス）であるとの認識である。確かに、平和とは一つの国際体制（システム）であり、必然的に不安定かつ競合的なものである。

また、イギリスの歴史家マイケル・ハワードが二〇〇二年の『平和の創造と戦争の再生』（未邦訳）（初版の『平和の創造――戦争と国際秩序に関する省察』の刊行は二〇〇〇年）で示した戦争観及び平和観も、基本的にはケーガンと同様であった。[③]

同書の根底を流れるハワードの確信は、平和とは秩序に他ならず、平和（秩序）は戦争によってもたらされるというものである。戦争は新たな秩序を創造するために必要な過程（プロセス）であり、平和とは、創り出されたものである。だからこそ、「誰にとっての平和を語っているのか」との問いを常に発することが重要となるのである。

そして、仮に平和が人々の創造物であるとすれば、当然、それは人工的かつ複雑、極めて脆弱な存在であり、いかにしてこれを維持すべきかが大きな問題となる。平和が戦争より遥かに難解な存在であることも理解できよう。

さらにイスラエルの歴史家アザー・ガットは『文明と戦争』で、今日の平和が確保されているのは、それが主要な先進諸国の利益と一致しているからであると論じた。[4]

アメリカの国際政治学者エドワード・N・ルトワックの『エドワード・ルトワックの戦略論』によれば、戦争や戦略における「常識」はその他のあらゆる領域のものとは大きく異なっており、そこを支配する論理（ロジック）もまた大きく異なる。[5]例えば、戦争及び戦略の領域で広く受け入れられている古代ローマの格言「平和を欲すれば、戦争に備えよ（Si vis pacem, para bellum）」には、平和という目的を達成するためには戦争に備える他ないとの明白な逆説（パラドクス）が含まれている。

彼は、この逆説の論理こそが戦争や戦略の領域では「常識」であり、また、そのあらゆる局面を支配していると主張する。同書でのルトワックの議論の核心には、戦争や戦略の「逆説的な論理（パラドキシカル・ロジック）」はいかなる成功裏の行動も究極的には自らを敗北へと追い込む可能性を孕んでいるとの彼の確信がある。

さらに彼は、「戦争に出番を与えよ（give war a chance）」あるいは「平和のためには戦争を（make war to make peace）」といった表現を用いて、戦争の機能もしくは役割について挑発的な議論を展開した。このことはまた、戦争のない状態がすなわち平和と言えるのかといった根源的な問い、平和とは何かという問題に行き着く。

言うまでもなく、古代中国の『孫子（兵法）』も戦争について理解するためには必読の書である。[6]

紀元前六世紀の孫子（孫武）による『孫子』では、「兵とは国の大事なり、死生の地、存亡の道、察せざるべからざるなり」（戦争は国家の重大事項であり、国民の生死、国家の存亡が懸かっている。そのため、細部にわたって検討を加える必要がある）、また「百戦百勝は善の善なるものに非ざるなり。戦わずして人の兵を屈すは善の善なるものなり」（常に戦い、常に勝利することは最善の方策ではなく、戦うことなく相手を屈服させることができれば、それが最善の方策である）との言葉はあまりにも有名である。

『孫子』は「始計篇」の「事前に明確な見通しを立てよ」から始まり、「作戦篇」や「虚実篇」、さらに最後の「用間篇」などで、戦争を正確に指導し勝利するための最初の鍵が「彼を知り己れを知る」ことであり、敵と味方の兵力を比較し、勝算があれば戦い、なければ戦わないことが重要であるとした。

第二の鍵は主導権を握ることであり、その上で「実を避けて虚を撃つ」。併せて、「その無備を攻め、その不意に出ず」ることも勝利のための鍵となる。戦争とは実のところ、騙し合いであり、いかに相手を攪乱するかが重視される。

興味深いことに、『孫子』の「兵の形は水に模（かたど）る」、つまり「兵力の分散及び集中に注意し、絶えず敵に対応し変化する必要がある」との言葉は、イギリスの戦略思想家バジル・

ヘンリー・リデルハート（本書第八章を参照）が唱えた「拡大する急流」という概念と同一であり、また、『孫子』に見られる処方箋的な戦争観は、フランス（スイス）の戦略思想家アントワーヌ・アンリ・ジョミニ（本書第二章を参照）を彷彿とさせる。

話題をヨーロッパに戻せば、ルネサンス期、つまり近代初期（もしくは近世）イタリアのマキャヴェリへの言及は不可欠であろう。

事実、本書でも多々引用するエドワード・ミード・アール編著『新戦略の創始者』やピーター・パレット編『現代戦略思想の系譜』、さらには、ハル・ブランズ編著『新・戦略の創始者たち』（未邦訳）は、マキャヴェリからその考察を始めている。[7][8][9]

ニコロ・マキャヴェリ（一四六九〜一五二七年）はイタリア＝ルネサンス期の人文主義者であり、実務家（書記官）である。彼がこの時期に古代ローマの共和政を「再発見」したという意味では、確かにマキャヴェリは「近代」（もしくは近世）の幕開けを象徴する人物であった。事実、彼の著作、とりわけ『戦争の技術（戦術論）』には、古代ローマの歴史家ヴェゲティウス、フロンティヌス、ポリュビウスの影響が強く認められる。[10]

また、『君主論』では傭兵に依存しない市民軍（国民軍）の創設が唱えられ、徴兵から構成される市民軍の重要性に加え、軍隊の訓練及び規律の必要性、同時代のチェザーレ・ボルジアに象徴される軍司令官の高い資質が強調され、軍事組織全般の改革が唱えられた。[11]

同書での「愛されるよりも恐れられる方が遥かに安全である」との言葉は広く知られる。

また軍司令官には、戦争という「運命（フォルトゥーナ）」（「運命の女神」）は強大であるものの、それを引き寄せるだけの「力量（ヴィルトゥ）」が必要であると唱えた。そしてこうした論述は、前述の『戦争の技術』にも同様に見受けられる。

『君主論』及び『ディスコルシ――ローマ史論（政略論）』でマキャヴェリは、戦争を不可避かつ崇高な活動と評価し、あらゆる政治活動の中で最も本質的なものとした[12]。

さらに共和政を高く評価した『ディスコルシ』で彼は、理想の政体として共和政ローマを考え、市民軍及び兵役の価値を強調した。また、理想の国家運営として九六～一八〇年の間のいわゆる「五賢帝」の時代を挙げている。

確かに、古代ローマでは暴力の強さを美徳の尺度と考える独特の社会精神（エートス）が形成され、白兵戦や戦場での栄光が政治及び社会的な栄達を獲得するために不可欠な要件となっていた。その結果、ローマの指導者は国家を常に戦争状態に置く傾向が強かった。なぜなら、そうすることによって初めて自らの勇気という美徳を示す機会が得られたからである。また、ローマ軍が用いた「一〇分の一処刑」という過酷な規律は広く知られる。

次に、マキャヴェリとクラウゼヴィッツの思想の類似性について、クラウゼヴィッツに及ぼした彼の影響は以前から指摘されている。

事実、クラウゼヴィッツはドイツの哲学者フィヒテの『ドイツ国民に告ぐ』などを通じマキャヴェリの思想を学んでおり、そこから精神力の重要性及び幾何学を戦争に応用することの無意味さなどを理解した。併せて彼は、マキャヴェリが示した戦争における原理及び原則、とりわけ士気（モラール）の重要性に共感した。

また、クラウゼヴィッツが『戦争論』で示した「戦争とは当方の意志を相手に強要することである」との言葉は、既にマキャヴェリによって記されていたものである。さらに彼は、マキャヴェリの『君主論』を指導者にとっての必読書と述べたが、そもそもこの両者は、政治及び国際政治の場での現実主義（リアリズム）の思想を共有していた。

おそらくクラウゼヴィッツは、マキャヴェリが試みたフィレンツェ（イタリア）での軍制改革を、同じく母国プロイセン（ドイツ）での軍制改革の必要性を強く意識していた自らの立場に重ね合わせたのであろう。

このように、戦略思想の歴史を語る際、マキャヴェリの影響は無視できない。だが、それを認めた上で本書はマキャヴェリを取り扱わない。政治思想家としての側面があまりにも強かったためである。

さらに踏み込んで述べれば、なるほどマキャヴェリは優秀な書記官（官僚）であったものの、あくまでも実務家に留まり、決して思索の人とは言えない。周知にように、マキャヴェリが『君主論』などを執筆した目的は、自らの職の確保のためであった。実際、近年では政治思想家としてのマキャヴェリの評価は下がっており、また、（軍事）戦略思想家としての彼に対する評価作業もあまり進展していない。

加えて、マキャヴェリは火器が飛躍的に発展した時代を生きていたにもかかわらず、古代ローマの共和政を理想化するあまり、歩兵にこだわって火砲及び砲兵の重要性を見落とした事実は決定的な欠点である。

そのため、近現代ヨーロッパ世界の軍事戦略思想を論じる本書はクラウゼヴィッツから始まる。

プロイセン（ドイツ）の戦略思想家カール・フォン・クラウゼヴィッツの『戦争論』は、戦争は政治的行為であるばかりでなく政治の道具であり、敵・味方の政治的交渉の継続に過ぎず、外交とは異なる手段を用いてこの政治的交渉を遂行する行為であるとした（本書第一章を参照）[13]。そして今日、人々が戦争について思いをめぐらせる際、その賛否はともかく、思索の出発点として言及されるのがこのクラウゼヴィッツの戦争観である。

彼は戦争を政治の継続と位置付け、その政治的な機能を強調したが、戦争の機能もしくは役割という観点からイギリスの歴史家アーサー・マーウィックもまた、その著『大洪水』（未邦訳）で、破壊と分裂から再生、試練、参加、心理といった四つの側面から戦争を考察した[14]。

さらにウォルター・シャイデルは『暴力と不平等の人類史』で、人々を平等にする四つの要因（四騎士）として、戦争、革命、国家の崩壊、疫病を挙げ、平等は破壊の後に初めて到来すると論じた。[15] 彼の論述は、『聖書』の「ヨハネの黙示録」での四騎士（勝利・戦争・飢餓・死）を援用したものであろう。
もとより、前述したクラウゼヴィッツの『戦争論』に対しては多くの批判が寄せられた。それは例えば、戦争は政治の継続であるとの同書の戦争観に対するもので、イギリスの歴史家ジョン・キーガンは『戦略の歴史』で戦争を「文化」の継続として、イスラエルの歴史家マーチン・ファン・クレフェルトは『戦争の変遷』で「スポーツ」の継続と捉えた。[16][17]
よく考えてみれば、キーガン及びクレフェルトが唱えた合理性を超えた「非日常」としての戦争という認識は、フランスの社会学者ロジェ・カイヨワに代表される論者も指摘している。
カイヨワは『戦争論』で戦争と「祭り」の類似性を指摘する中、周期、道徳的規律の根源的逆転、平時の生活様式の断絶、内心の態度、神話といった要素を挙げた。[18]
戦争はまた、人々が営む大きな社会的事象の一つである。本書で言及したドイツの歴史家ハンス・デルブリュック（本書第五章を参照）に加え、前述のハワードは戦争と社会の関係性を『ヨーロッパ史における戦争』で以下のように指摘する。[19]「政治史の枠組みにおいてばかりでなく、経済史、社会史、文化史の枠組みにおいても戦争を研究しなければなりません。（中略）戦争が一体何をめぐって行われたのかを知らずには、どうして戦争が行われたのかを、十分に記述することはできません」。

彼は同書を、「騎士の戦争」「傭兵の戦争」「商人の戦争」「職業軍人の戦争」「革命の戦争」「国民の戦争」「技術の戦争」「核の時代」と的確に章立てし、戦争と社会の密接な関係性について論じている。近年ではアメリカの歴史家マイケル・S・ナイバーグも同様に、その著『戦争の世界史』において「古典時代」「ポスト古典時代」「火器の出現」「ナショナリズムと産業主義」「第一次世界大戦」「第二次世界大戦」「冷戦とその後」との章立てで、世界史の中で戦争が果たした役割について鋭く論じている。[20]

次に、アメリカの歴史家ウィリアム・マクニールの『戦争の世界史』は、過去の時代がいかにして軍事力を強化したかを解明し、技術、軍隊組織、社会の三者間の均衡がどのように変遷してきたかを考察した著書であるが、その中でも一九世紀以降を対象とした各章では、この時期の特徴として先進工業諸国が誰も予想し得なかったやり方で戦争を戦い抜くため自己再組織した事実、それによって今日までの社会の大きな特性となった「経営された経済」——指令原理が優位を占める二〇世紀前半の経済のあり方——を生み出した事実が指摘される。[21]

さらに彼は、戦争の術（アート）と民間企業が国家の統制から高度の自由を許され、その結果、空前の資本蓄積及び軍事力強化をもたらした近世及び近代ヨーロッパは、世界史上、前例のない異常な時代であり、二〇世紀を迎えそれが常態に復したに過ぎないとも指摘した。

二〇世紀前半、第一次世界大戦での膨大な犠牲に衝撃を受けたリデルハートの『戦略論』には、「戦争の目的とは、少なくとも自らの観点から見てより良い平和を達成することである。（中略）仮に、ある国家が国力を消耗するまで戦争を継続した場合、それは、自国の政治と将来とを破滅させることになる」と記されている。[22]

また、戦争を遂行するに当たって戦後の構想——今日の言葉で「出口戦略」——を常に描いておく必要があるとの彼の確信は、これを達成するための「間接アプローチ戦略」という概念へと繋がった。

併せて、リデルハートと同時代のイギリスの戦略思想家ジョン・フレデリック・チャールズ・フラーは『制限戦争指導論』で、フランス革命の影響、一九世紀後半ヨーロッパの産業革命の影響、第一次世界大戦中に勃発したロシア共産主義革命の影響、アドルフ・ヒトラー率いる「ドイツ国家社会主義革命」とそれが戦争に及ぼした影響について考察し、これらのイデオロギー闘争としての側面を強調した。[23]

その中で彼は、フランス革命以降の民主主義の拡大は理論上、全ての人々を平等にしたが、これを現実に推進したのが徴兵制度であったと主張する。そこからフラーの有名な言葉「小銃が歩兵を生み出し、歩兵が民主主義を創った」が出てきたが、彼は小銃や銃剣の先では人々は全て平等であり、一挺の小銃を持った人は一票の価値を持つことになったと考えた。

近年では、「9・11アメリカ同時多発テロ事件」と同じの様相の戦い——「非職業軍人が、非通常兵器を使って、罪のない市民に対して、非軍事的意義を持つ戦場で、軍事領域の境界や限度を超えた戦争を行う」あるいは「テロリストと、スーパー兵器になり得る各種のハイテクとの出会い」――の登場を予測した『超限戦』で中国の軍人である喬良と王湘穂は、国際社会のグローバリゼーションやボーダーレス化の結果、従来の国境概念やルールが通じ難くなり、テロリスト集団のみならず、国家、領域、手段を選ばない非国家主体が出現した結果、「戦争以外の軍事行動」とはさらに異なる貿易戦や金融戦、生態戦やハッカー戦、メディア戦など、言うなれば「軍事以外の戦争活動」（筆者の造語）を個人や集団が繰り広げる可能性があり、あらゆる手段を組み合わせた「超限戦」の登場を指摘した[24]。「武力と非武力、軍事と非軍事、殺傷と非殺傷を含む全ての手段を用いて、自分の利益を敵に強制的に受け入れさせる」ような戦いの様相であるが、ここで重要な点は、平時と戦時が極めて曖昧になっている事実である。

興味深いことに、スティーブン・ピンカーは『暴力の人類史』で人類の暴力性としての「内なる悪魔」と人類の知恵としての「善なる天使」を比較し、現代ほど平和な時代はないと断じた[25]。他方、メアリー・カルドーはその著『新戦争論』で、人々のアイデンティティに注目し「新しい戦争」といった概念を提示した。「新しい戦争」は当初は「対麻薬戦争」として用いられていたが、その後、世界各地で次々に勃発する戦いを目の当たりにした人々は、例えば、紛争、LIC（低強度紛争）、非正規戦争、非通常戦争、対テロ戦争、C

OIN（対反乱戦争）といった言葉で新たな戦いを表現し、これをどうにか理解しようと努めた。

そしてこうした新たな戦争の様相を目の当たりにしたクレフェルトは前述の『戦争の変遷』で、「非三位一体戦争」あるいは「非政治的な戦争」という概念を提示し、人々が抱く一般的な戦争観、すなわちクラウゼヴィッツが示した「政治」、「軍事」、「国民」という三つの要素が織り成す事象としての戦争――「三位一体戦争」――に異議を唱えたのである。

さらにイギリスの軍人ルパート・スミスはその著『軍事力の効用』で、「人々の間の戦争（人間戦争）」という概念を提示し、戦争が国家間のものであるという人々の先入観を正した。[27]

以上、戦争と平和について論じた優れた著作の内容を概観したが、こうした複雑で「カメレオン」（クラウゼヴィッツ）のような多彩な様相を呈する戦争に直面し、これにどう対応すべきかについて思索した人物の営みが、今日に至るまで軍事戦略思想として継承されているのである。

こうした事実を念頭に、以下で本書の章立てについて簡単に説明しておこう。

第一章はカール・フォン・クラウゼヴィッツ（プロイセン＝ドイツの戦略思想家）で、彼の戦争観——政治の継続としての戦争——が今日の一般的な戦争に対する見方となっている事実を示すと共に、クラウゼヴィッツが唱えた「摩擦」や「軍事的天才」といった概念の重要性が論じられる。続く第二章はアントワーヌ・アンリ・ジョミニ（スイス〔フランス〕の戦略思想家）で、彼が唱えた戦争の原理及び原則の重要性が論じられ、「内線」作戦、「外線」作戦、交通線といった概念の有用性が紹介される。

第三章はフェルディナン・フォッシュ（フランス軍人）である。同章では、「新ナポレオン学派」の象徴としてのフォッシュの人物像、彼の戦争における精神的要素の重視、さらに二〇世紀初頭の「時代精神」と「攻勢主義への妄信」もしくは「過剰な攻勢」の関係性が論じられる。第四章はエーリヒ・ルーデンドルフ（ドイツ軍人）で、そこでは総力戦の思想、クラウゼヴィッツの戦争観の倒立、政軍関係をめぐる「軍事（軍人）による戦争指導」の是非などが論じられる。

第五章はハンス・デルブリュック（ドイツの歴史家）で、彼が唱えたルーデンドルフとは正反対の政治と戦争の関係性及び政軍関係のあり方、さらには「軍人精神」に対する批判などが紹介される。第六章はアメリカの海軍戦略思想家アルフレッド・セイヤー・マハンで、彼が唱えた「シー・パワー」、「制海権」、主力艦隊決戦思想などが論じられる。

第七章はジウリオ・ドゥーエ（イタリアの空軍戦略思想家）である。同章では、彼の「制空権」、戦略爆撃の有用性、さらに空軍至上主義について考える。第八章はバジル・ヘンリー・リデルハート（イギリスの戦略思想家）である。そこでは、彼が唱えた「間接アプローチ戦略」、「リベラルな戦争観」あるいは「西側流の戦争方法」、攪乱、麻痺、無力化、「拡大する急流」といった概念を考察する。

第九章ではまた、アメリカに目を転じバーナード・ブロディについて論じる。核兵器の登場と抑止理論の構築、核戦略、クラウゼヴィッツの「再発見」などである。

最後の第一〇章は「アラビアのロレンス」の異名で知られるイギリス軍人トマス・エドワード・ロレンスで、「アラブの反乱」を通じたゲリラ戦争理論、さらには今日まで続く「非三位一体戦争」、「超限戦」、「人間(じんかん)戦争」について考察する。

本書が、読者が戦争及び戦略について考える一つの契機となれば、筆者の望外の喜びである。

読書案内

① トゥキュディデス著、小西晴雄訳『歴史』ちくま学芸文庫、上下巻、二〇一三年

② Donald Kagan, *On the Origins of War: And the Preservation of Peace* (New York: Anchor, 1996)

③Michael Howard, *The Invention of Peace & the Reinvention of War* (London: Profile Books, 2002)
④アザー・ガット著、石津朋之、永末聡、山本文史監訳、歴史と戦争研究会訳『文明と戦争』中公文庫、上下巻、二〇二二年
⑤エドワード・ルトワック著、武田康裕、塚本勝也訳『エドワード・ルトワックの戦略論——戦争と平和の論理』毎日新聞社、二〇一四年
⑥孫子著、金谷治訳注『孫子』岩波文庫、二〇〇〇年
⑦エドワード・ミード・アール編著、山田積昭、石塚栄、伊藤博邦訳『新戦略の創始者——マキアヴェリからヒトラーまで』原書房、上下巻、二〇一一年
⑧ピーター・パレット編、防衛大学校「戦争・戦略の変遷」研究会訳『現代戦略思想の系譜——マキャヴェリから核時代まで』ダイヤモンド社、一九八九年
⑨Hal Brands, ed., *The New Makers of Modern Strategy: From the Ancient World to the Digital Age* (Princeton and Oxford: Princeton University Press, 2023)
⑩マキァヴェッリ著、服部文彦訳『戦争の技術』ちくま学芸文庫、二〇一二年
⑪マキアヴェリ著、池田廉訳『君主論』中公文庫、二〇一八年
⑫マキァヴェッリ著、永井三明訳『ディスコルシ——「ローマ史」論』ちくま学芸文庫、二〇一一年
⑬カール・フォン・クラウゼヴィッツ著、清水多吉訳『戦争論』中公文庫、上下巻、二〇

〇一年
⑭ Arthur Marwick, *The Deluge: British Society and the First World War* (Reissued Second Edition) (London: Palgrave, 1991)
⑮ ウォルター・シャイデル著、鬼澤忍、塩原通緒訳『暴力と不平等の人類史——戦争・革命・崩壊・疫病』東洋経済新報社、二〇一九年
⑯ ジョン・キーガン著、遠藤利國訳『戦略の歴史』中公文庫、上下巻、二〇一五年
⑰ マーチン・ファン・クレフェルト著、石津朋之監訳『戦争の変遷』原書房、二〇一一年
⑱ ロジェ・カイヨワ著、秋枝茂夫訳『戦争論——われわれの内にひそむ女神ベローナ』りぶらりあ選書、二〇一三年
⑲ マイケル・ハワード著、奥村房夫、奥村大作訳『ヨーロッパ史における戦争』中公文庫、二〇一〇年
⑳ マイケル・S・ナイバーグ著、稲野強訳『戦争の世界史』ミネルヴァ書房、二〇二二年
㉑ ウィリアム・H・マクニール著、高橋均訳『戦争の世界史——技術と軍隊と社会』中公文庫、上下巻、二〇一四年
㉒ B・H・リデルハート著、市川良一訳『リデルハート戦略論——間接的アプローチ』原書房、上下巻、二〇一〇年
㉓ J・F・C・フラー著、中村好寿訳『制限戦争指導論』中公文庫、二〇二三年
㉔ 喬良、王湘穂著、劉奇訳、坂井臣之助監修『超限戦——21世紀の「新しい戦争」』角川

新書、二〇二〇年
㉕スティーブン・ピンカー著、幾島幸子、塩原通緒訳『暴力の人類史』青土社、上下巻、二〇一五年
㉖メアリー・カルドー著、山本武彦、渡部正樹訳『新戦争論——グローバル時代の組織的暴力』岩波書店、二〇〇三年
㉗ルパート・スミス著、佐藤友紀訳、山口昇監修『軍事力の効用——新時代「戦争論」』原書房、二〇一四年

第一章　カール・フォン・クラウゼヴィッツ——史上最高の戦略思想家

はじめに

カール・フォン・クラウゼヴィッツ（一七八〇〜一八三一年）はプロイセン（ドイツ）の軍人で戦略思想家である。一二歳でプロイセン陸軍に入隊、対フランス戦争に参加した。陸軍士官学校で学んだ後、プロイセン軍制改革の一翼を担ったことでも知られる。ナポレオン・ボナパルトとの戦いでフランス軍の捕虜になった後、プロイセン参謀本部勤務を経てロシア軍に移籍し対フランス戦争を継続した。コレラに感染し死去した。

主著である『戦争論』など彼の研究業績は、一八三二年以降、遺族により刊行された全一〇巻の遺稿集に収録された。

そして、戦争とは何か、とりわけ政治と戦争の関係性をめぐる問題を考える際にその出発点としてしばしば言及されるのがこのクラウゼヴィッツの『戦争論』である。

そこで本章では、第一に、クラウゼヴィッツの『戦争論』とその主要な論点、さらには問題点を概観する。それによって、彼の戦争観が理解できるであろう。

第二に、クラウゼヴィッツの戦争観がどのように継承されてきたかについて考えてみたい。併せて、偉大な思想家のいわば宿命とも言える、思想の誤読と誤解、さらには曲解について考える。

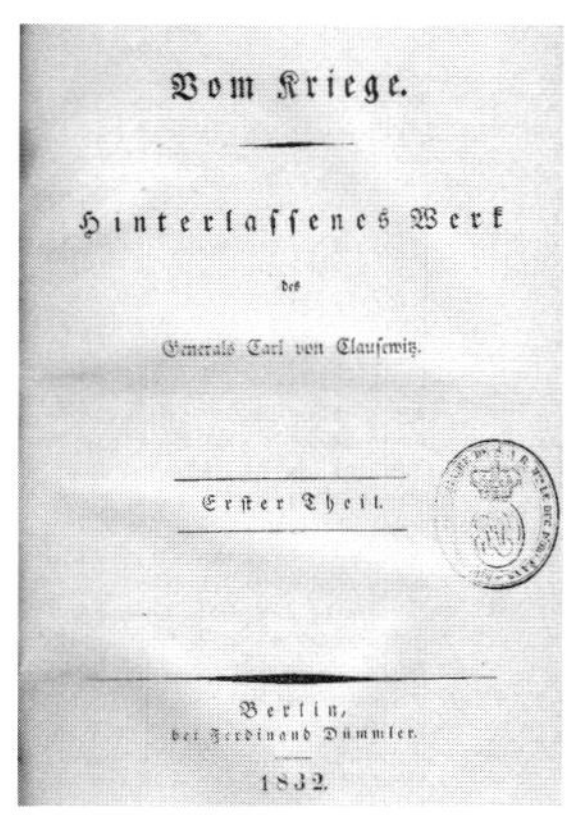

Vom Kriege.

Hinterlassenes Werk

des

Generals Carl von Clausewitz.

Erster Theil.

Berlin,
bei Ferdinand Dümmler.
1832.

『戦争論』などを含むクラウゼヴィッツの『遺稿著作集』第3巻。『戦争論』は森鷗外がドイツ留学から帰国後に抄訳に着手、『大戦学理』として明治36（1903）年に出版した。

カール・フォン・クラウゼヴィッツ（1780〜1831）は、プロイセンの軍人、戦略思想家。ナポレオン戦争後に『戦争論』の執筆を始め、死後の1832年に発表された。

第三に、政治と戦争（あるいは軍事）の関係性、いわゆる政軍関係のあり方をめぐる議論を手掛りとして、今日における『戦争論』の妥当性と有用性を検討したい。

最初に確認すべき点として、クラウゼヴィッツは戦争について深く思索を続けたのであり、何か明解な「理論」を提示したのではない事実が挙げられる。実際、彼の著作の原題は『戦争について（*Vom Kriege*）』であり、『戦争論』ではなかった事実は、クラウゼヴィッツの戦争観を理解するためには重要である。

併せて、クラウゼヴィッツの戦争観の土着性と普遍性にも留意する必要がある。つまり、一義的にクラウゼヴィッツは、『戦争論』で同時代のプロイセン軍人に対して自らの戦争観を示したのであり、当然ながら、ここにクラウゼヴィッツの土着性が現れてくる。だが同時に、クラウゼヴィッツは、戦争という問題に関心を抱く者であれば一度は手に取ってみたくなるような著作の執筆も目指した。普遍性への挑戦である。

その結果、『戦争論』には今日ではいわば陳腐化した内容が多々見受けられる一方、時代や地域を超越した思想や概念も含まれている。だからこそ、今日に至るまでクラウゼヴィッツが世界中で読み継がれているのであり、逆に、『戦争論』の内容の粗探しをしようと思えば、今日の時代に相応しくないものなど簡単に見つかる。

かつてアメリカの国際政治学者バーナード・ブロディ（本書第九章を参照）は、クラウゼヴィッツを「最高の戦略思想家のみならず、唯一の戦略思想家」であると評価した。なるほど、この評価には誇張が含まれている。しかし、戦略思想家として学ぶべき人物を敢えて一人選ぶとすれば、それが、クラウゼヴィッツか古代中国の孫子になるであろうことは疑いない。

一　クラウゼヴィッツと『戦争論』

1789年7月14日、政治に不満を募らせたフランスの一般の人々が火薬や爆薬を奪うために、パリ市内のバスチーユ監獄を襲撃。この事件がフランス革命の発端となったとされている。

クラウゼヴィッツとその時代

クラウゼヴィッツが生きた時代は、一七八九年のフランス革命勃発とその後の革命戦争及びナポレオン戦争の時期であった。

そして、そうした戦争の様相の変化を目の当たりにし、衝撃を受けたのがクラウゼヴィッツであり、『戦争概論』を著したスイス（フランス）のアントワーヌ＝アンリ・ジョミニ（本書第二章を参照）であった。

一般的には保守的かつ伝統主義的な戦略思想家の代表としてのクラウゼヴィッツの人物像が強調されるが、実は、改革派の軍人であ

プロイセンの勝利の立役者となった、宰相ビスマルク（左）、陸相ローン（中央）、参謀総長大モルトケ（右）。大モルトケはクラウゼヴィッツの『戦争論』を精読していた。

るゲルハルト・フォン・シャルンホルストが主導したプロイセンの軍制改革に積極的に参画した急進的な人物像もまた、クラウゼヴィッツの重要な一面である。

　周知のように、『戦争論』はその刊行後、しばらくは広く読まれることはなく、その評価も必ずしも高いものではなかった。当時のヨーロッパ諸国の政治及び軍事指導者には、ジョミニの戦争観が圧倒的に支持されていた。

　だが、一八六〇年代から七〇年代初頭に掛けて、プロイセンが「ドイツ統一戦争」（対デンマーク戦争、普墺戦争、普仏戦争）に勝利し、その勝利の立役者として宰相オットー・フォン・ビスマルクと共に陸軍参謀総長ヘルムート・フォン・モルトケ（大モルトケ）が注目された結果、この二人の戦略思想家の評価が逆転することになった。

　当時のヨーロッパ諸国の大方の予想に反して勝利したプロイセンの軍事指導者である大

モルトケが、自らの人生に影響を及ぼした著作として、『聖書』やホメロスの作品などと共に、クラウゼヴィッツの『戦争論』を挙げたからである。その結果、クラウゼヴィッツに対する評価に大きな転機が訪れた。

換言すれば、他の著名な思想家と同様、クラウゼヴィッツは後年に「発見」されたのである。

一八二七年の「危機」

クラウゼヴィッツの人物像及び彼の戦争観の変遷について詳しくは、アメリカの歴史家ピーター・パレットの著『クラウゼヴィッツ——「戦争論」の誕生』をはじめ既に多くの著作が出版されているため、それらを参照してもらうとして、本章では、クラウゼヴィッツの戦争観の形成過程を素描するに留めたい。

『戦争論』を考える際に最初に注目すべきは、いわゆる一八二七年の「危機」についてである。

つまり、クラウゼヴィッツは自らの死の数年前になって初めて、それまで書き溜めていた草稿の重大な問題点に気付いたのである。こうした事情については、『戦争論』の「方針（Nachricht）」や「序文（Vorrede des Verfassers）」に詳しく記されているが、その核心は、クラウゼヴィッツが戦争を政治の継続であると認識し始めたことである。

実は『戦争論』は未完の書であるため、本当にその内容が彼の意図通りに整理されているか疑わしく、また、その論述には多くの矛盾点が残されたままになっている。だが同時に、彼の死後に発見された『戦争論』執筆に関する「方針」や「序文」などを手掛りにすれば、クラウゼヴィッツが同書を執筆した意図及び背景がある程度は理解できることもまた事実である。

例えば、「方針」には、『戦争論』は「まだかなり不備な原稿であって、いま一度全面的に改訂する必要がある」と記されている一方、この「方針」よりも時期的にはかなり後に書かれたと思われる別の覚書には、「要するに、完全と見なすことができるのは（『戦争論』の）第一編第一章だけである。少なくともこの章は、私が本書全体に与えようとした方向性を理解するためには有益である」とある。実際、戦争の本質をめぐるクラウゼヴィッツの主要な論点は、同書の第一編第一章だけからでもほぼ正確に理解できる。そのため、以下、『戦争論』のこの個所を手掛りにしてクラウゼヴィッツの戦争観、政治と戦争の関係性、さらには戦争の本質について考えてみたい。

「絶対戦争」と「制限戦争」

前述の「方針」にも示されているように、クラウゼヴィッツは『戦争論』で、①戦争には二種類の理念型が存在すること、②戦争は他の手段を用いて継続される政治的交渉に他ならない（Der Krieg ist eine blosse Fortsetzung der Politik mit anderen Mitteln.）、という二つの問題意識の下、「戦争における諸般の事象の本質を究明し、これら事象とそれを構成している種々の要素の性質との関係を示そう」とした。すなわち、同書での彼の究極の目的は、それまでの膨大な歴史研究を基礎にして戦争それ自体の分析を試みること、また、その過程で戦争の本質を抽象化することであった。

　クラウゼヴィッツは戦争の本質を「拡大された決闘」と考える。

> 戦争は一種の力（ゲヴァルト）の行為であり、その旨とするところは敵に自らの意志を強制することである。また、戦争は常に生きた力の衝突であるため、理論的には相互作用――エスカレーションさらにはスパイラルなエスカレーション――が生じ、それは必ず極限にまで到達するはずである。

　こうした論理展開からクラウゼヴィッツは、戦争の一つの理念型、「絶対戦争（absoluten Krieges）」という概念を導き出した。戦争が自己目的化する傾向が強いのは、まさにこの理由による。そして彼は、この戦争の理念型から必然的に得られる帰結として、戦争の究極を敵戦闘力の殲滅（せんめつ）に見出した。

戦争の「政治性」

だが同時にクラウゼヴィッツは、とりわけ晩年になって戦争がそれ自体で独立した事象でない事実もまた理解し始めており、戦争には現実世界における手直し、「現実の戦争(wirklichen Krieges)」もしくは「制限戦争」が生まれると指摘する。

これが、クラウゼヴィッツによる戦争の二種類の理念型、すなわち、理論上の「絶対戦争」と現実における「制限戦争」である。

また、『戦争論』で示されたクラウゼヴィッツの戦争観で、政治と戦争の関係性をめぐってとりわけ重要なものとして、彼が戦争を政治に内属すると位置付けた(らしいとの)事実、戦争を政治の文脈の中に組み入れて議論し始めた事実、が挙げられる。

クラウゼヴィッツによれば、戦争は政治的行為であるばかりでなく政治の道具であり、敵・味方の政治的交渉の継続に過ぎず、外交とは異なる手段を用いてこの政治的交渉を遂行する行為である。この論理に従えば、当然、政治的意図が常に「目的」の位置にあり、戦争はその「手段」に過ぎない。また、そうであるからこそ、この政治の役割が、理論的には「絶対戦争」という極限に向かうはずの戦争を抑制する最も重要な要素とされるのである。

クラウゼヴィッツが『戦争論』で「戦争がそれ自身の文法を有することは言うまでもな

い。しかしながら、戦争はそれ自身の論理を持つものではない」と記したのは、この戦争の政治性に注目した結果である。

マキャヴェリからクラウゼヴィッツへ

一部は繰り返しになるが、クラウゼヴィッツの『戦争論』の核心的な論述として、「戦争は外交とは異なる手段を用いて政治的交渉を継続する行為に過ぎない」、「戦争は政治的行為であるばかりでなく政治の道具であり、敵・味方の政治的交渉の継続に過ぎず、外交とは異なる手段を用いてこの政治的交渉を遂行する行為である」、「戦争がそれ自身の文法を有することは言うまでもない。しかしながら、戦争はそれ自身の論理を持つものではない」、「戦争は一種の力の行為であり、その旨とするところは敵に自らの意志を強制することと」、などが挙げられるが、実は、これらの何れにも、イタリアの政治哲学者ニコロ・マキャヴェリ（一四六九〜一五二七年）の影響が強くうかがわれる。

詳しくは、マキャヴェリの主著『ディスコルシ』などを参照してもらいたいが、従来、クラウゼヴィッツの戦争観の源泉としてイマヌエル・カントやG・W・F・ヘーゲルなどの名前は指摘されていた。

もちろんこうした思想家の影響は決して無視できないものの、クラウゼヴィッツの戦争観に対し最も決定的な影響を及ぼした人物がマキャヴェリであることは疑いようのない事

ニコロ・マキャヴェリ（1469〜1527）。イタリア、ルネサンス期の政治哲学者、フィレンツェ共和国の書記官で外交官。主な著書に『君主論』、『ディスコルシ』など。

実であり、これは残された史料によって裏付けられている。実際、クラウゼヴィッツはマキャヴェリの著作を数多く精読し、書き込みをしているほどである。

その意味において、クラウゼヴィッツを現実主義の国際政治観あるいは戦争観の系譜の中に位置付けることが可能であり、だからこそ、たとえ彼の『戦争論』を一度も読んだことがなくても、戦争に対する現実主義的もしくは保守的な認識を抱く者であれば、彼とほぼ同様の戦争観を抱くことになる。詳しくは後述するが、ここに思想家の影響を測ることの難しさの一端がある。

奇妙な「三位一体」

クラウゼヴィッツが『戦争論』で示したその他の多くの概念の中で、今日に至るまで

――あるいは今日だからこそ――注目されているものとして、摩擦、戦争の霧、不可測な要素、軍事的天才、奇妙な「三位一体」、「戦局眼（coup d'oeil）」などが挙げられる。もちろん、こうした概念は多くの場合、当時から今日に至るまで妥当かつ有用であるものの、残念ながら時としてこれらが、『戦争論』の文脈を全く無視する形で、いわば短絡的に用いられる事例が見受けられる。思想の誤用と乱用、さらには曲解という問題である。

もちろんその一方で、例えばクラウゼヴィッツが生きた時代にはヨーロッパ産業革命の影響がまだ戦争及び軍事の領域に広く浸透していなかったこともあり、クラウゼヴィッツは戦争の技術的側面に殆ど注目することはなかった。これは、明らかに『戦争論』の問題点の一つである。

こうした事実を踏まえてイギリスの歴史家マイケル・ハワードが、クラウゼヴィッツが示した（とされる）「政治」、「軍事」、「国民」の奇妙な「三位一体」に加え、クラウゼヴィッツの死後、一九世紀中頃から無視できなくなった新たな要素として「技術」を指摘した事実は広く知られている。また、筆者はさらにこれに加えた第五の要素として、「時代精神」を提唱している。

これらの妥当性はともかく、このようにクラウゼヴィッツが示した思想や概念が時代と共に進化を続けている事実を鑑みれば、『戦争論』の重要性が理解できよう。

二 『戦争論』の遺産

『戦争論』の問題点

ハワードの代表作の一つとして『クラウゼヴィッツ（*Clausewitz*）』が挙げられるが、同書はクラウゼヴィッツの戦争観に対し批判的考察を試みたことで知られる。

その中でハワードは、クラウゼヴィッツが、①陸上での戦いだけをその考察対象とし、海上での戦いに注目していない、②情報の重要性に一切触れていない、③戦争の倫理をめぐる問題に言及していない、④技術の側面を軽視している、⑤自らの関心を戦い（戦闘）に集中させ、外交の果たす役割に触れていない、といった批判を紹介している。

同時に、こうした批判に対し説得力に富む反論も展開している。例えば、ハワードはクラウゼヴィッツが関心を有し、かつ、知識を備えた戦い――陸上での戦い――に集中したことは事実である一方、そこから得られた多くの概念は、そのまま海上での戦いにも適用可能である、と主張した。さらに、『戦争論』を一つの「完成形」と捉えることは誤りであるとも述べている。

前述したように、クラウゼヴィッツの『戦争論』はその内容に多々問題が含まれている。

現実主義あるいは保守主義の立場からの戦争観、あるいはそうした戦争観のいわば寄せ集めに過ぎないとも言え、さらには、同書の内容の多くは時代遅れですらある。他方、『戦争論』には、戦争について真摯に考えるために必要かつ有用な多くの示唆が含まれている。

そこで、最終的に問われるべきは、問題点を抱えているにもかかわらず、なぜ『戦争論』が今日に至るまで世界中で読み継がれているのかであり、より具体的には、同書のどの個所がいかなる文脈の下で引用されているかを丁寧に整理することであろう。

モルトケからシュリーフェンへ

「ドイツ統一戦争」での陸軍参謀総長大モルトケは、学究肌の軍人であり、クラウゼヴィッツの『戦争論』を読んでいたことは事実である。また、モルトケは戦略とは「臨機応変の体系」であり、状況によって柔軟に変化させるべきであると考えていた。他方で彼は、一旦、戦端が開かれたら政治家は戦争に介入すべきでない、あるいは軍事的に不可能もしくは不適切な要求をすべきでない旨を公言していた。

クラウゼヴィッツの「戦争における重大な企てとかかる企ての計画を純軍事的な判断に任せて良いといった主張は、政治と軍事を明確に区別しようとする許し難い思考であり、それ以上に、有害でさえある」という警句は、クラウゼヴィッツの弟子を自任するモルトケにおいてさえも完全に無視されたのである。

そしてその後、第一次世界大戦へと至るドイツ軍人、さらにはヨーロッパ諸国の軍人のクラウゼヴィッツに対する理解は、モルトケのクラウゼヴィッツ認識が継承されることになった。ハワードによれば、この理解は完全に間違いとは言えないまでも、不完全かつやや曲解されたクラウゼヴィッツの戦争観が継承されたのであり、これは、カール・マルクスの思想がレーニンを通じてロシア（ソ連）の人々に伝わったのと同様である。

また、モルトケの後継者である陸軍参謀総長アルフレート・フォン・シュリーフェンに至っては、『戦争論』の新版に寄せた序文で「『戦争論』の永遠の価値は、その高い精神的かつ心理的なものに加え、殲滅思想にある。この思想こそ我々をケーニヒグレーツ（普墺戦争：引用者註）とセダン（普仏戦争：引用者註）へと導いた」と、クラウゼヴィッツを絶対戦争（殲滅戦争）の主唱者として紹介しているのである。

三 『戦争論』批判――本当に戦争は政治的な営みなのか？

文化としての戦争

クラウゼヴィッツの戦争観の一般的な受容にもかかわらず、そして、政治による戦争の統制が強く意識されているにもかかわらず、現実には戦争を抑え込めない理由は一体どこにあるのか。そもそも、本当に戦争は政治に内属しているのであろうか。戦争は本当に政治の産物なのであろうか。

こうした問題意識からクラウゼヴィッツの戦争観の妥当性を批判したのが、イギリスの歴史家ジョン・キーガンであり、イスラエルの歴史家マーチン・ファン・クレフェルトである。以下では、キーガンとクレフェルトのクラウゼヴィッツ批判を概観することで、政治と戦争の関係性についてさらに考察を進めてみたい。

最初に、キーガンの主著である『戦略の歴史』では、戦争は「文化の表現」であると捉えられている。

キーガンの戦争観の根底を流れる確信は、戦争とはクラウゼヴィッツが唱えたような政治的な事象ではなく、文化的な事象であるというものであった。

つまり、戦争は政治といった狭義かつ合理的な枠組みの中では到底説明できるものではなく、より広義の――不可測かつ曖昧な要素を多分に含んだ――文化という文脈の下で捉えることによって初めて理解できるとしたのである。だからこそ彼は、それぞれの文化圏には固有の戦争観と戦争の様相が存在すると主張したのである。

実際、キーガンは『戦略の歴史』で「人類の始まりから現代世界に至るまでの時空を超えたその文化の進化と変遷の姿が、戦争の歴史である」と述べると共に、「戦争とは常に文化の発露であり、またしばしば文化形態の決定要因、さらにはある種の社会では文化そのものなのである」と主張する。

さらに彼は、「クラウゼヴィッツの考えでは戦争は国家と国益のために合理的な計算の存在を前提としているが、戦争の歴史は、国家とか外交、戦略などよりも遥かに古く数千年もさかのぼるのである。戦争は人類の歴史と同じくらい古く、人間の心の最も秘められたところ、合理的な目的が雲散霧消し、プライドと感情が支配し、本能が君臨しているところに根差している」と指摘する。

キーガンにとって、「戦争とは何よりもまず独自の手段による一つの文化の不朽化の試みであり得る」のであった。

戦争はスポーツの継続である

次に、クレフェルトが最も意識し、最も尊敬し、そして批判する思想家がクラウゼヴィッツである。

実は、このクラウゼヴィッツと、クレフェルトが高く評価するもう一人の思想家である古代中国の孫子の戦争観を批判的に考察することで、この二人の偉大な思想家を超える著作を著すことが、例えば彼の『新時代「戦争論」』の狙いとされている。その中でもクレフェルトのクラウゼヴィッツへの対抗意識は際立っている。

最初に、クレフェルトの代表作である『戦争の変遷』の表題（タイトル）をめぐる逸話（エピソード）を紹介しておこう。

クレフェルトが世に問うたこれまでの全ての著作の中で、最も評価されている作品が『戦争の変遷』であろうが、原書のその副題（*the Most Radical Reinterpretation of Armed Conflict Since Clausewitz*）が明確に示すように、同書はクラウゼヴィッツ以降の武力紛争——武力紛争とは戦争より広い概念——に対する最も大胆な再評価を試みたものである。『戦争の変遷』は、まさにクラウゼヴィッツの『戦争論（*On War / Vom Kriege*）』を強く意識し、『戦争論』を超える著作を目的として執筆された。周知のように、同書はその出版以来大きな反響を呼び、現在までに多くの言語に翻訳されている。そうした中、当時のクレフェルトは、『戦争の変遷』の執筆を終えた以上、今後は何も書くものはなく、あとは後世の歴史家の評価を待ちたい、と述べていた。

なぜ『戦争の変遷』の原書の表題（タイトル）を *The Transformation of War* に決めたのかとの筆者の疑問に対してクレフェルトはかつて、当初はクラウゼヴィッツの『戦争論』に敬意を示す意味でも『「戦争論」について（*On On War*）』を提案したのであるが、出版社とその編集者の強い意向によって *The Transformation of War* に落ち着いた経緯を語ってくれた。

さらに、クレフェルトは前述した『新時代「戦争論」』の原題である *More On War* のOn Warとは、これがクラウゼヴィッツと孫子という二人の戦略思想家の戦争観を超えるための試みである事実を認めながらも、とりわけクラウゼヴィッツの『戦争論』を強く意識している、と筆者に明かしてくれた。

確認するが、クレフェルトはクラウゼヴィッツが歴史上最も傑出した戦略思想家である事実を素直に認める。と同時に、彼はクラウゼヴィッツの戦争観、つまり、今日の人々が抱く一般的な戦争観に対しては懐疑的であり、その中でも、政治と戦争の関係性をめぐるクレフェルトのクラウゼヴィッツ批判は、以下の四点に集約される。

第一に、クレフェルトは、『戦争論』を執筆する際にクラウゼヴィッツが、あたかも戦争が主権国家間だけで生起することを所与のものと考えている点を批判する。

第二に、クラウゼヴィッツが主唱したとされる、戦争は外交とは異なる手段を用いて政治的交渉を継続する行為に過ぎない、という『戦争論』の枠組み自体に対する批判である。

クレフェルトは、例えば、中世ヨーロッパの王朝国家間の関係では、政治といった要素よりも「正義」の要素が重視されていた事実に注目し、正義のための戦争が存在したと主張する。また、旧約聖書の時代ややはり中世の十字軍の時代は、「宗教」戦争の時代と位置付けられ、宗教が戦争の最も重要な原因であったと指摘する。

もちろん、クレフェルトが自ら認めているように、「正義」や「宗教」といった大義の裏には、常に現実的な政治——政治的な利益——が存在していたことは事実であるが、同時に、旧約聖書の時代や十字軍に代表される中世ヨーロッパの戦争が、冷徹かつ合理的に計算された政治に基づいて遂行されたとするには相当の無理がある。

第三に、クレフェルトは、「正義」や「宗教」の戦争に加えて、「生存」を懸けた戦争の存在を挙げる。生存を懸けた戦争とは、他のあらゆる政治的手段が尽き、戦争以外の選択肢が残されていないといった状況下での、まさに最後の生き残りを懸けた戦争を指す。

第四に、クレフェルトは、人々が今日に至るまで戦争に取り憑かれてきたのは、戦争が危険や歓喜と隣り合わせになっているからこそであると指摘し、戦争とは政治の継続などではなく、スポーツの継続としての側面が強いとの挑発的な議論を展開した。

戦争文化について

クレフェルトはもう一つの代表作『戦争文化論』で、戦争と文化の関係性について次のように指摘する。

すなわち、「戦争には理性で考えられるもの以上の何かがある。いかなる理由のためであれ、戦争には、兵士が互いに殺し合う以上の何かがある。そして、人類は過去と同様に今日においても、戦争に魅了されている。戦争はそれ自体が強力な魅力を発しており、また、人々は、合理的な思考からだけでは自らの生命を犠牲にしようとはしないものである。戦いは喜びの源泉であり、この喜びや魅力からある文化全般が生まれてくる」。

クレフェルトが示した戦争はスポーツの継続であるとの認識、そして人々は戦争に魅了されているとの指摘は挑発的ではあるものの、一定の説得力を備えている。彼によれば、核兵器がなければ人々は今日に至るまで嬉々として戦争を続けているはずなのである。

クレフェルトの戦争観と比較すると、確かにクラウゼヴィッツは規範論として戦争の政治性を指摘したに過ぎないようにも思える。だが、ここでも重要な点は、クラウゼヴィッツが今日の戦争観あるいは「時代精神（パラダイム）」を象徴する戦略思想家であり、また政軍関係のあり方を考える際の基本的な枠組みを提供し続けている事実である。

戦争とは何か

よく考えてみれば、「非日常」としての戦争については、ロジェ・カイヨワの『戦争論』に代表されるように多くの論者が唱えている。例えばカイヨワは、戦争と「祭り」の類似性を指摘する中で、①周期、②道徳的規律の根源的逆転、③平時の生活様式の断絶、④内心の態度、⑤神話、といった要素を挙げた。

同様に、オクタビオ・パスはその著『孤独の迷宮』で、戦争と「フェスタ（祭り）」の類似性について鋭く考察している。

実は、戦争とは何か、とりわけ戦争の原因について考えるためには、クラウゼヴィッツの戦争観よりも古代ギリシアの歴史家トゥキュディデスの戦争観、すなわち戦争の原因をめぐる「三つの要素」に留意する方が、遥かに有益であるように思われる。すなわち、

「利益」、「名誉」、「恐怖」と戦争の関係性である。

この三つの要素の中でクラウゼヴィッツの戦争観は、「利益」に含まれるのであろうが、トゥキュディデスは、不可測な要素を含めて戦争についてより広範な視点から捉えている。

周知のように、トゥキュディデスは古代ギリシア世界のペロポネソス戦争について記した『歴史（戦史）』の中で、戦争が勃発する原因として「利益」、「名誉」、「恐怖」という三つの要素を挙げた。

なるほどトゥキュディデスは、この三つの要素をことさら強調してはいないが、例えば『歴史』には、「（前略）与えられた支配権を引き受けた以上は、体面と恐怖と利益の三大動機に把えられて我々は支配圏を手放せなくなったのだ」といった記述が見られる。

そしてこの三つの要素の中でも、とりわけ「恐怖」は注目に値しよう。やはり『歴史』には、以下のような記述がある。「アテナイが強大になり、ラケダイモン人（スパルタ人）に恐怖をもたらしたことが戦争を必然ならしめた（後略）」、「アテナイの勢力拡大をラケダイモン人自身が恐れたからであった」。

四　『戦争論』の誤読と誤解、そして曲解

未完の大著

話題を『戦争論』に戻そう。同書の内容が誤読や誤解などの余地を与えることになった大きな理由として、これが未完の書であった事実が挙げられる。

実は、『戦争論』はクラウゼヴィッツの死後、夫人ら親族の手によって刊行された遺稿集の一部であった（『カール・フォン・クラウゼヴィッツ将軍遺稿集』〔全一〇巻、『戦争論』は第一～三巻〕）。そのため、同書の章立てなどもクラウゼヴィッツの意図を夫人らが推し測りながら決めたものである。

だがそれ以上に重要な点は、クラウゼヴィッツが一八二七年に戦争の政治性について理解し始め、そうした認識の下で草稿の修正作業に着手したにもかかわらず、諸事情によって中断を余儀なくされた事実である。

その結果、『戦争論』にはあたかも二つの異なる戦争観が並存しているかのようになり、これが、同書の矛盾を大きなものにしている。

『戦争論』の読み方について

次に、『戦争論』の読み方、あるいは解釈の方法についても多くの問題が存在する。

例えばある文学作品の読み方について、①書かれた文章（テクスト）だけを理解しようと試みる、②それが書かれた時代の文脈（コンテクスト）の下で、つまりその文学作品の著者が置かれた環境などに留意しながら解釈する、③今日の文脈（コンテクスト）の下で再解釈あるいは読み替える、といった方法などが考えられるが、これは、マルクスの『資本論』にも、アダム・スミスの『国富論』にも、さらにはクラウゼヴィッツの『戦争論』にも当てはまる。

その結果、『戦争論』の内容そのものを理解しようとする人々と、これを今日の文脈の下で読み替えようとする人々の間には、どうしても埋めることのできない溝（ギャップ）が生じる。いわゆる歴史の「教訓」的な理解の妥当性をめぐる問題である。

今日、歴史認識という言葉に注目が集まっている。当然ながら、歴史認識という視座は極めて重要なものであり、有用である。なぜなら、結局のところ歴史とは、優れて認識――パーセプション――をめぐる問題であるからである。だが、残念ながら時としてこの言葉が乱用され、自らの信念や信条を認識の違いと称して、史実とは大きく異なる歴史を語る人々も多い。

また、「超訳」という翻訳の手法が一部で注目されているが、残念ながらこれも、原書の内容の曲解をいわば正当化する手段として持ち出される事例が見受けられる。

何れにせよ、『戦争論』を読む際に重要な点は、刊行時における妥当性及び有用性、そして、今日における妥当性及び有用性について丁寧に仕分けし、それぞれを検討することである。

第一次世界大戦前夜

クラウゼヴィッツの誤読と誤解、そして曲解の中でも最も甚だしい事例が、第一次世界大戦に至るまでのヨーロッパ主要諸国の軍人を中心とした『戦争論』の乱用――「つまみ食い」としか表現し得ない――である。

前述したように、これは主としてドイツ陸軍軍人を中心としたものであり、その中でもシュリーフェンは広く知られている。

だが、こうした傾向はドイツ軍人に留まるものではなく、フランス軍人のフェルディナン・フォッシュ（本書第三章を参照）もまたその一人であった。

一般に彼らに共通することは、戦争での不可測な要素や精神力の果たす重要性についてはクラウゼヴィッツの立場をほぼそのまま継承している一方、攻勢に対する防勢の優位性や戦争もしくは軍事に対する政治の優越性といった点については、クラウゼヴィッツの見解を倒立させた。その結果が、第一次世界大戦前夜の「攻勢主義への妄信」や「過剰な攻勢」といった思想に繋がったのである。

興味深いことに、第一次世界大戦の凄惨な様相を受けて、戦後、イギリスの戦略思想家バジル・ヘンリー・リデルハート（本書第八章を参照）に代表される人々はその批判の矛先をクラウゼヴィッツに向けた。彼は、クラウゼヴィッツを「大量集中理論と相互破壊理論の『救世主』」として厳しく批判している。

だが、よく考えてみれば、一人の戦略思想家の思想や概念がそのまま同時代の戦争の様相を形作ることなどあり得ない。戦争は社会的な事象なのである。事実、リデルハートは当時、第一次世界大戦の惨劇は二度と繰り返してはならないとの強い使命感に駆られていたため、その原因を短絡的にクラウゼヴィッツの戦争観に求めたのである。

実は、アメリカの海軍戦略思想家アルフレッド・セイヤー・マハン（本書第六章を参照）も同様に、第一次世界大戦前のドイツ皇帝ヴィルヘルム二世や海軍大臣アルフレート・フォン・ティルピッツ（ドイツ海軍軍人）に影響を多々及ぼしたとして、この大戦での海の戦いの様相を形成した思想家として厳しい批判にさらされた。

しかし、明らかにこうした評価は、思想というものが社会全般に及ぼす影響を過大視している。

総力戦時代の戦争観

周知のように、第二次世界大戦は総力戦のいわば完成形の様相を呈すると共に、核兵器が初めて用いられた戦争であった。

当然ながら、この大戦後の国内及び国際社会は、当時の「国際（戦略）環境」、「国内要因」、「時代精神」に強く規定されながら形成された。その象徴が、核兵器との共存への模索と民主主義社会の拡大であり、これに伴って、戦争あるいは軍事力行使における政治及び政治家の重要性が改めて認識され始めた。そして、ここに『戦争論』の有用性が再度、「発見」されることになる。『戦争論』の再定義とも言えよう。

だが、ここでもやはり、クラウゼヴィッツの戦争観のやや強引な援用が見受けられる。例えば、『戦争論』での戦争に対する政治の優越性がしばしば強調される一方、クラウゼヴィッツは、それを示唆するとされる戦争の奇妙な「三位一体」について、同書で一度しか言及していない。

それ以上に、イスラエルの歴史家アザー・ガットが明らかにしたように、はたしてクラウゼヴィッツが本当に政治の優越性を受け入れていたのかについては、極めて疑わしい。事実、ガットはクラウゼヴィッツが戦争の政治性を不承不承認めるに至った、との見解を示している。結局のところ、彼は誇り高きプロイセン軍人の一人であったのである。そうしてみると、ここでもクラウゼヴィッツの真意は不明瞭なままである。

だが、仮にクラウゼヴィッツの戦争観として戦争の政治性が過大に評価されているとすれば、例えばゲルハルト・リッター、ハワード、ブロディ、パレットといった研究者は、何れもクラウゼヴィッツを誤読ないし誤解している可能性がある。そうであれば、結局のところ彼らも全て、総力戦と核の時代、そして民主主義の時代の「申し子」に過ぎなくなる。

また、仮にこの理解が妥当であれば、一九八〇年代を中心とした「クラウゼヴィッツ・ルネサンス」とは一体何であったのか、との疑問が出てくる。おそらくクラウゼヴィッツの戦争観は、例えば、第二次世界大戦を経た核時代における戦争や戦略の相互作用（エスカレーション）、核時代の戦争は政治（家）によって強く統制される必要がある、との認識などが強調された結果、改めて注目されたのであろう。

その意味では、パレットとハワードによる『戦争論』の英訳は、彼らのクラウゼヴィッツ解釈に過ぎないとも言え、だからこそ、今日、高く評価されているのである。

思えば、これはクラウゼヴィッツに限られたことではなく、偉大な思想家の宿命なのであろう。近年、マルクスの『資本論』に再び人々の注目が集まっているが、実は、同書を改めて精読した研究者など少ないように思われる。そして、『資本論』のある一部が、今日の時代状況に適応する形で援用されているようである。その意味で、クラウゼヴィッツもまた「再発見」され、「再評価」されたのである。

さらに付け加えれば、そもそも思想家は社会の様相や変化に対しどの程度の影響力を有しているのか、との問いについても懐疑的にならざるを得ない。

思想家の影響

一体、「影響」とは何を意味するのか、そして、いかにして影響を測ることが可能か、という根源的な問題もさることながら、この問いに敢えて答えるとすれば、「部外者」の影響は極めて限定的である、となろう。これは、リデルハートやブロディが現実の政策及び戦略の形成にどれほど影響を及ぼし得たかを考えただけでも、容易に理解できる。

戦略とはそれを担当する者でなければあらゆることが可能である、との痛烈な皮肉が投げ掛けられることにも頷ける。

残念ながら、思想というものが現実の政策及び戦略決定に直接かつ決定的に影響を及ぼし得た事例は、過去、殆ど存在しないように思われ、またその影響は、せいぜい間接的なものに留まる。

確かに、クラウゼヴィッツや孫子——結局のところ、この二人の偉大な戦略思想家ですら「部外者」である——の思想がものの考え方に対する大きな全般的枠組みを提供してきたことは事実であろう。だからこそ、彼らの著作が時代や地域を超えて今日でも広く読まれているのである。

だが、やはり歴史の教えるところでは、思想の影響がうかがえる時とは、その時代の政治及び軍事指導者が、自らの政策及び戦略方針を正当化する目的で、ある人物の思想の一部分を援用する場合に限られるように思われる。

前述のブロディはかつて、戦略は実践的でなければ意味をなさないと述べた。また、大モルトケに至っては戦略とは臨機応変の体系であり、一旦、戦争が始まれば事前に準備された戦略など直ちに役に立たなくなる、と断言した。こうした指摘は、単なる思想としての戦略と実際に具体的政策を遂行するための戦略の間に、埋めることのできない溝（ギャップ）が存在する事実を示唆している。

本章で繰り返し言及したように、クラウゼヴィッツの戦争観の一つの側面だけが、ある時代の要請に沿って何度も都合良く使われてきた事実を否定できる者はいないであろう。思想家の影響は過大に評価されてはならないのであり、クラウゼヴィッツもその例外ではない。

イギリスの歴史家ブライアン・ボンドが鋭く指摘したように、政治及び軍事指導者が抱える内部事情に疎い「部外者」の影響は大きなものとはなり得ない。戦略とは決して白紙の状態から生まれてくるものではなく、その意味では、思想家が描く単なるヴィジョンと実務者が遂行する具体的な戦略は異なる次元に属するものなのである。今日でもなお、直接的に政策及び戦略立案に携わらない思想家が、しばしば「アームチェア・ストラテジスト」と揶揄（やゆ）される所以である。

意外とも思えるが、おそらくクラウゼヴィッツの戦争観を最も精確に受け継いでいる人物は、ハンス・デルブリュック（本書第五章を参照）やハワード、そしてイギリスの海軍戦略思想家ジュリアン・コルベットやリデルハートを別とすれば、中国の毛沢東なのであろう。

そしてこの毛沢東の思想は、アメリカとソ連の冷戦という二項対立構造の下、植民地解放思想や共産主義革命思想として世界各地に広がった。

事実、毛沢東の主著『抗日遊撃戦争論』には、クラウゼヴィッツの戦争観がほぼそのまま継承されており、毛沢東が、党（政治）による軍に対する戦争指導の必要性を強く唱えたのも、クラウゼヴィッツの影響であると思われる。

さらにもう一人、ウラジーミル・レーニンの名前も挙げられ、実際、レーニンは自らが所有するクラウゼヴィッツの『戦争論』を精読、そこに多くの書き込みを遺している。

おわりに――政軍関係のあり方を考える

今日、人々が戦争とは何かについて思いをめぐらせる際、賛成するか反対するかはともかく、考察の出発点として言及されるのがクラウゼヴィッツの戦争観である。ここに、『戦争論』の時代を超えた普遍性が示されている。

加えて、今日の世界はクラウゼヴィッツの戦争観の枠組み（パラダイム）の下にある。具体的には、核兵器との共存の時代と民主主義社会の時代におけるクラウゼヴィッツの価値が、人々に強く認識されているのである。

つまり、核兵器との共存の必要性が戦争に対する政治（家）の役割を認識させ、民主主義という政体の世界規模の広がりが、文民統制（シビリアン・コントロール）という政軍関係のあり方を規定、政治（家）の役割を高めたのである。

確認するが、人々が意識しているか否かは別として、今日の国際社会はクラウゼヴィッツの戦争観の枠組みの中にある。

一方で今日の国際社会は、第一次世界大戦及び第二次世界大戦という二つの総力戦を経て、核兵器と共存して生きていくしかない時代にある。他方、今日の民主主義社会では、文民統制もしくは文民優勢（シビリアン・スープレマシー）という政軍関係のあり方は必須の条件である。そして、ここに『戦争論』の有用性が再び見出された――「発見」された――のである。

だが、思えばクラウゼヴィッツの戦争観は、民主主義社会における文民統制の概念とは無関係である。彼はプロイセン王政下で『戦争論』を著したのであり、民主主義といった社会及び政治制度など全く想定していない。

さらに踏み込んで考えてみれば、戦争は政治の継続であるとする戦争観の妥当性についても検討が必要とされ、この事実はとりわけ今日に当てはまる。

仮に政治とは戦争を行わないことであるとすれば、戦争は政治の継続ではなく、破綻となる。事実、クラウゼヴィッツが示した「戦争の霧」や「摩擦」に対する批判と併せて、『戦争の霧』や戦争が生む『摩擦』がもたらす意図せざる結果の重大さこそが、クラウゼヴィッツの戦争観を無効にする。戦争とは決して現行の政治の継続にはなり得ない。戦争とは全く新しい政策、しかも本来の政策とは全く矛盾するような政策を生み出すものである。意図せざる、もしくは予測できない結果は、意図された目的よりも遥かに長期的な影響を持つものであり、しばしば本来の目的に反作用するものである」といった強力な批判も存在する。

前記の引用は、ケネス・J・ヘイガンとイアン・J・ビッカートンの共著『アメリカと戦争』からであるが、実は、戦争とは政治の破綻に過ぎないとする視点は、それ以前にもドイツの軍人ハンス・フォン・ゼークトやアメリカの歴史家ラッセル・ウィーグリーなどによって繰り返し言及されてきたものである。

だが、こうした批判や問題点にもかかわらず、二〇世紀前半における総力戦の完成、一九四五年以降の核兵器の登場、国内及び国際社会における民主主義の急速な拡大、などの結果、改めてクラウゼヴィッツが注目された。戦争や軍事力行使に際して政治による慎重な判断が強く求められる時代状況になったからである。確かに、一つの戦争がもたらす損害や犠牲者数を考えると、もはや戦争は「将軍（軍人）だけに任せておくにはあまりにも重要な企て（ビジネス）」（ジョルジュ・クレマンソー）になった。

だが、やはりこうした視点も、『戦争論』の誤用あるいは乱用なのかもしれない。繰り返すが、ハワードやブロディに代表されるクラウゼヴィッツの戦争観を継承するとされる研究者は、いずれも総力戦の時代や核時代の「申し子」であるに過ぎず、クラウゼヴィッツの戦争観を自らが生きる時代に合わせて再解釈しているとも言える。

二一世紀を迎えた今日、冷戦の終結に伴って核兵器を用いた大国間の大規模戦争の可能性は低下したものの、依然として核の脅威は存在する。また、民主主義といった社会及び政治理念は世界規模で受け入れられつつある。

そうであれば、今日においても文民統制という政軍関係のあり方は重要である。

かつて、モーリス・ジャノウィッツとサミュエル・ハンティントン（より正確にはハンティントンの世界観の継承者）の間で、政軍関係をめぐって大きな論争が展開された。だが、こうした論争を何度繰り返したとしても、民主主義社会の下でのその結論は、「文民政治家には過ちを犯す権利がある」（ピーター・フィーバー）といった原則にたどり着くのであろう。

ヴェトナム戦争から湾岸戦争の時期にかけて、アメリカの政軍関係のあり方が問題視され、そこでは、ヴェトナム戦争での政治家の過度な関与と湾岸戦争で軍人に与えられた自由裁量が、やや短絡的に比較考察された。

だがそこで示された議論は、第一次世界大戦後にエーリヒ・ルーデンドルフ（本書第四章を参照）を中心として展開された「匕首伝説（Dolchstoßlegende）」のいわば焼き直し、あるいは拡大版に過ぎないように思われる。つまり、ドイツがこの大戦に敗れたのは軍人の責任ではなく、国内の一部の勢力——例えば政治家、社会主義者、ユダヤ人——の発言や行動の結果である、と責任転嫁したルーデンドルフの議論の再登場である。

アメリカの軍人ハリー・G・サマーズJr.の著『アメリカの戦争の仕方』が突き付けた問いを改めて思い起こせば、何がヴェトナム戦争（さらにさかのぼれば朝鮮戦争）でアメリカを失敗させ、何が湾岸戦争で成功させたのかとの疑問が出てくるのは当然であろう。

この問いに対してサマーズは、政治家が戦争もしくは軍事の領域にどこまで介入するかが一つの分水嶺であると指摘した。すなわち、ヴェトナム戦争では政治家が戦争に対して過度に介入したために失敗し、逆に湾岸戦争では、政治家が戦争での大きな方向性を示すに留め、軍人に広範な自由裁量を与えたために成功したとする議論である。実は、ヴェトナム戦争の失敗が政治家による軍人に対する「マイクロ・マネージメント」にあったとする議論は、とりわけ軍人を中心として今日でも多くの支持を集めている。

しかし、この議論は実証性に乏しく、逆に、新たなる「匕首伝説」、責任転嫁を生んだだけである。その意味では、いわゆる「クラウゼヴィッツ・ルネサンス」、さらには一般に「パウエル・ドクトリン」として知られる戦い方も、「軍人の反乱」の一環と位置付けられるのかもしれない。

実際、例えば一九八二年のフォークランド戦争が明確に示した事実は、戦争での勝利と敗北を分ける重要な要因が政治家の資質――強いリーダーシップ――であるという点である。たとえ他にいかなる好条件が整っていたにせよ、当時のイギリス首相マーガレット・サッチャーの戦争指導、すなわち彼女の強力なリーダーシップがなければ、同国がこの戦争に勝利することなど決してなかったであろう。

こうした戦争における強力なリーダーシップの必要性は、エリオット・コーエンの著『戦争と政治とリーダーシップ』で明確に示されている。そこでは、エイブラハム・リンカーン、ダヴィド・ベングリオン、ジョルジュ・クレマンソー、ウィンストン・チャーチルといった政治指導者が取り上げられ、彼らの強力なリーダーシップ及び戦争指導が、どのように戦争の勝利へと繋がったかが明らかにされている。

『戦争論』は、今日の政治と戦争の関係性を考えるための必読書である。

なぜなら、クラウゼヴィッツの戦争観は既に今日の「時代精神」として社会に完全に定着しており、戦争について考える際の規範として広く受容されているからである。言い換えれば、今日、クラウゼヴィッツの『戦争論』は、その妥当性には一部に疑問が残る反面、依然としてその有用性は高いのである。

最後にもう一度問いたい。クラウゼヴィッツは本当に戦争及び軍事に対する政治の優勢を認めるに至ったのであろうか。政治による戦争に対する優越性と、政治家による軍人に対する優越及び統制の必要性を認めるには、クラウゼヴィッツはあまりにも誇り高きプロイセン軍人であった。だからこそガットは、不承不承——不本意ながら——といった表現を用いたのであろう。

本章の参考文献

カール・フォン・クラウゼヴィッツ著、篠田英雄訳『戦争論』岩波文庫、上中下巻、一九六八年
カール・フォン・クラウゼヴィッツ著、清水多吉訳『戦争論』中公文庫、上下巻、二〇〇一年
ジョン・キーガン著、遠藤利國訳『戦略の歴史』中公文庫、上下巻、二〇一五年
ジョン・キーガン著、井上堯裕訳『戦争と人間の歴史——人間はなぜ戦争をするのか?』刀水書房、二〇〇〇年
マーチン・ファン・クレフェルト著、石津朋之監訳『戦争文化論』原書房、上下巻、二〇一〇年
マーチン・ファン・クレフェルト著、石津朋之監訳『戦争の変遷』原書房、二〇一一年
マーチン・ファン・クレフェルト著、石津朋之監訳『新時代「戦争論」』原書房、二〇一八年

ロジェ・カイヨワ著、秋枝茂夫訳『戦争論——われわれの内にひそむ女神ベローナ』りぶらりあ選書、二〇一三年
ロジェ・カイヨワ著、塚原史、吉本素子、小幡一雄、中村典子、守永直幹訳『人間と聖なるもの（改訳版）』せりか書房、一九九四年
オクタビオ・パス著、高山智博、熊谷明子訳『孤独の迷宮——メキシコの文化と歴史』法政大学出版局、一九八二年
マイケル・ハワード著、奥村房夫、奥村大作訳『ヨーロッパ史における戦争』中公文庫、二〇一〇年
清水多吉、石津朋之編『クラウゼヴィッツと『戦争論』』彩流社、二〇〇八年
石津朋之著『戦争学原論』筑摩選書、二〇一三年
石津朋之著『大戦略の思想家たち』日経ビジネス人文庫、二〇二三年
石津朋之著『リデルハート——戦略家の生涯とリベラルな戦争観』中公文庫、二〇二〇年
オットー・ヒンツェ、ヘルベルト・ロジンスキー、エーベルハルト・ケッセル著、新庄宗雅編訳『クラウゼヴィッツ研究論文選——戦争論の発生史的研究』私家版、一九八三年
ウィリアム・H・マクニール著、高橋均訳『戦争の世界史——技術と軍隊と社会』中公文庫、上下巻、二〇一四年
レイモン・アロン著、佐藤毅夫、中村五雄訳『戦争を考える——クラウゼヴィッツと現代の戦略』政治広報センター、一九七八年
ウィリアムソン・マーレー、マクレガー・ノックス、アルヴィン・バーンスタイン編著、石津朋之、永末聡監訳、歴史と戦争研究会訳『戦略の形成——支配者、国家、戦争』ちくま学芸文庫、上下巻、二〇一九年

ジョン・ベイリスほか編著、石津朋之監訳『戦略論――現代世界の軍事と戦争』勁草書房、二〇一二年

アザー・ガット著、石津朋之、永末聡、山本文史監訳、歴史と戦争研究会訳『文明と戦争――人類二百万年の興亡』中公文庫、上下巻、二〇二二年

スティーブン・ピンカー著、幾島幸子、塩原通緒訳『暴力の人類史』青土社、上下巻、二〇一五年

トゥキュディデス著、小西晴雄訳『歴史』ちくま学芸文庫、上下巻、二〇一三年

ケネス・J・ヘイガン、イアン・J・ビッカートン著、高田馨里訳『アメリカと戦争――1775―2007』大月書店、二〇一〇年

ハリー・G・サマーズJr.著、杉之尾宜生、久保博司訳『アメリカの戦争の仕方』講談社、二〇〇二年

三宅正樹、石津朋之、新谷卓、中島浩貴編著『ドイツ史と戦争――「軍事史」と「戦争史」』彩流社、二〇一一年

エリオット・コーエン著、中谷和男訳『戦争と政治とリーダーシップ』アスペクト、二〇〇三年

毛沢東著、小野信爾、藤田敬一、吉田富夫訳『抗日遊撃戦争論』中公文庫、二〇一四年

Michael Howard, *Clausewitz: A Very Short Introduction* (Oxford: Oxford University Press, 2002)（マイケル・ハワード著、奥山真司監修『クラウゼヴィッツ――「戦争論」の思想』勁草書房、二〇二一年）

Gordon A. Craig, "Delbrück: The Military Historian," and Peter Paret, "Clausewitz," in Peter Paret, ed., *Makers of Modern Strategy: from Machiavelli to the Nuclear Age* (Oxford: Clarendon Press, 1986)（ゴードン・クレイグ「デルブリュック――軍事史家」、ピーター・パレット「クラウゼヴ

イッツ」ピーター・パレット編、防衛大学校「戦争・戦略の変遷」研究会訳『現代戦略思想の系譜——マキャヴェリから核時代まで』ダイヤモンド社、一九八九年）

Peter Paret, *Understanding War: Essays on Clausewitz and the History of Military Power* (Princeton: Princeton University Press, 1992)

Peter Paret, *Clausewitz and the State: The Man, His Theories, and His Times* (Princeton: Princeton University Press, 1985)（ピーター・パレット著、白須英子訳『クラウゼヴィッツ——「戦争論」の誕生』中央公論社、一九八八年）

W. B. Gallie, *Philosophers of Peace and War: Kant, Clausewitz, Marx, Engels and Tolstoy* (Cambridge: Cambridge University Press, 1978)

Azar Gat, *A History of Military Thought: From the Enlightenment to the Cold War* (Oxford: Oxford University Press, 2001)

Bernard Brodie, *War & Politics* (New York: Macmillan, 1973)

Carl von Clausewitz, edited and translated by Michael Howard and Peter Paret, *On War* (Princeton: Princeton University Press, 1976)

Hew Strachan, *Karl von Clausewitz's On War: A Biography* (London: Atlantic Books, 2007)

Donald Stoker, *Clausewitz: His Life and Work* (Oxford: Oxford University Press, 2014)

第二章　アントワーヌ・アンリ・ジョミニ

──「軍事科学」として戦略、戦争を構築

はじめに――ジョミニとその時代

アントワーヌ・アンリ・ジョミニ（一七七九～一八六九年）はスイス生まれであるが、一般にはフランスの戦略思想家として知られる。彼のスイスに対する愛郷心はその生涯を通じて強かった一方、機会主義者（オポチュニスト）としての一面も認められる。

ジョミニ家はイタリアからスイスに移住、軍との関係は希薄であった。実際、彼自身も銀行に勤務するなど正式な軍事教育を受けた経験は有していなかったが、幼少期から軍事問題に関心を示し、独学で戦争の歴史などを研究した。

彼は短期間スイス共和国――ナポレオンの衛星国家（サテライト）――軍で勤務した後、銀行業界での勤務などを経てフランス軍に採用された。戦術（タクティクス）に関する原稿（後の『大陸軍作戦論』［全八巻、一八〇四～一六年］の第一巻及び第二巻に相当するもの）を手に各国軍隊に自らを売り込んだ結果、フランスの将軍ミシェル・ネイの目に留まり、ナポレオン戦争に従軍することになった。だが、当初は正式な契約でなく、報酬も支払われていない。

その後はナポレオン・ボナパルトの参謀として各種の助言を行った。但し、狭義の意味での軍歴――実際の戦闘経験――はなく、日本語の「軍師」と表現するのが彼の果たした役割の実態に近い。さらに言えば、孫子（孫武）のような存在である。

実際、その後のジョミニはフランス軍からロシア軍へと移籍し、歴代皇帝の軍事顧問などとして多くの助言を行っている。実は、このようなある軍から別の軍への移籍は当時はよく見受けられ、プロイセン軍からロシア軍へと移ったカール・フォン・クラウゼヴィッツ（本書第一章を参照）はその代表的な人物である。ジョミニはナポレオン戦争後のヨーロッパ国際秩序を定めたウィーン会議（一八一四～一五年）に参加、その後、ロシアとオスマン帝国との戦争（露土戦争：一八七七～七八年）及びクリミア戦争（一八五三～五六年）にも関与した。

アントワーヌ・アンリ・ジョミニ（1779～1869）。スイス出身の軍人、戦略思想家。フランスやロシアの歴代皇帝の軍事顧問として多くの助言を行った。ナポレオン戦争に参加し、1830年頃から『戦争概論』をまとめた。

本章で考察するジョミニの主著『戦争概論』（フランス語の原書は全二巻であるが、その英訳では内容の一部が割愛され、これが日本語に重訳された）は、彼のそれまでの多くの著作（各種の小冊子（パンフレット）や政策提言書など）を基礎として一八三〇年頃からまとめられたもので、その事実上の初版とも言える書は一八三〇年、邦訳に用いられた改

七年戦争中の1757年に行われたロイテンの戦い。フリードリヒ大王が率いるプロイセン軍がオーストリア軍を撃破した。

訂版は一八三八年に刊行された（改訂作業は一八三七年に実施され、同年を刊行年とする研究もある）。

内容的にはヨーロッパの戦争の歴史を基礎としたものであるが、その多くは七年戦争（一七五六〜六三年）でのフリードリヒ大王の戦い——一七五七年のロイテンの戦いなど——と自らも参加したナポレオン戦争の考察から導き出された原理及び原則で溢れている。ジョミニの歴史分析は、啓蒙主義の「非歴史的」な方法を象徴するように演繹的である。彼が実際にナポレオンやネイの側近として活動した事実が、この戦争をめぐる彼の言説の妥当性を裏付けると後年に至るまで無批判に受容され、

「ナポレオン流の戦争方法」の解説者としての地位を確固たるものにした。

クラウゼヴィッツとは異なり、『戦争概論』でジョミニが海上での戦い、とりわけ上陸作戦に言及している点（ナポレオンのイギリス本土上陸作戦計画に接する機会に恵まれたからであろう）、またロジスティクス（兵站あるいは補給）などについて詳細に論じている点、は同書の価値をさらに高めている。

だが、ここで注意すべきは、クラウゼヴィッツの遺稿が親族の手によって刊行され始めたのが一八三二年であり、ジョミニの『戦争概論』改訂版にはクラウゼヴィッツの『戦争論』に対する言及が多々見受けられる点である。疑いなくジョミニは、クラウゼヴィッツ批判を展開する一方で、彼が示した概念及び論点の多くを同書に取り込んでいる。

ジョミニは九〇歳という長寿を全うし、『回想録』を執筆した数年後に死去した。なお、ジョミニの生涯や戦略思想に関する著作は彼の知人などによる「英雄伝」的なもの――その代表がフェルナンド・ルコントによるもの――が多く、信頼に足るものではなかったが、近年では学術的な論考が多々発表されている。

一　原理及び原則の追求

ジョミニと『戦争概論』

ジョミニは『戦争概論』（一八三八年版）で、「軍事学には、もしこれを無視すれば危険に陥るが、反対にこれに則れば殆どの場合、勝利の栄冠を得るであろう若干の基本原則が存在する」と記すと共に、「戦略だけは、兵器や部隊の本質から独立しているので、スキピオ（・アフリカヌス：引用者註）やカエサル（ジュリアス・シーザー：引用者註）とフリードリヒ大王やナポレオンの時代の原則は同じであり、変化しない」と、時代を超越した普遍的な原理や原則が存在すると指摘した。

同書の原題は、*Précis de l'Art de la Guerre (Summary of the Art of War)*、戦争術の「概要（Précis : summary）」を論じたもので、後年、一部で「一九世紀最高の軍事教科書」と高く評価された。

同書の内容についてより具体的に記せば、①軍の主力を、戦争という舞台の決定的な地点（決勝点）に、また可能な限り敵の後方線に向け、自らに妥協することなく、戦略的機動によって継続的に投入せよ、②味方の戦力の大部分をもって、敵の個々の部隊と交戦するように機動せよ、③戦場では部隊の主力を決定的な地点か、または打倒することの最重要な敵線の一部に向けて投入せよ、④これらの主力は、単に決定的な地点に向けて投入するだけでなく、しかるべき時期に十分な戦力で戦えるように措置せよ、となる。

以上をさらに単純化すれば、①軍の主力を決定的な地点に「集中」、②「包囲」（敵の後方連絡線の遮断）、③「外線」作戦に対する「内線」作戦の優位性、となるが、こうした点がアメリカの海軍戦略思想家アルフレッド・セイヤー・マハンの著作に影響を及ぼしたとされる（本書第六章を参照）。

ジョミニは、フリードリヒ大王とほぼ同時代のヘンリー・ロイド（ウェールズの戦略思想家）やハインリヒ・ディートリヒ・フォン・ビューロー（ドイツの戦略思想家）の啓蒙主義的思考を踏襲したが、例えば「作戦線」という概念はロイドのものとされる。啓蒙主義とは狭義の実証主義を標榜し、科学的な原理及び原則を絶対視すると共に、普遍的な法則を探究する傾向が強い。

クラウゼヴィッツが啓蒙主義の戦争に対する幾何学的な考察を強く批判した一方、ジョミニはこの両者の中間の位置に立とうと試みているが、その実態は限りなくロイドやビューローの啓蒙主義に近い。

用語の定義あるいは概念化

「軍事学」——ジョミニの狙いをより正確に表現すれば「軍事科学」——の発展に対するジョミニの貢献は用語の定義に求められる。彼が唱えた様々な概念、例えば「内線」作戦と「外線」作戦は今日に至るまで世界各国の軍隊で用いられ、その有用性が示されているが、これらは幾何学の用語を軍事に応用したものである。

もちろんその一方で、彼が強く唱えた「内線」作戦の優位性は、普墺戦争（一八六六年）及び普仏戦争（一八七〇～七一年）でプロイセン（ドイツ）の陸軍参謀総長ヘルムート・フォン・モルトケ（大モルトケ）が実施した鉄道及び電信を活用する「外線」作戦が成功した事実によって反証されたが、これは都合よく忘れ去られた。さらに言えば、「外線」作戦の優位性は、既にナポレオン戦争終盤での連合国側の戦い方によって実証されていた。

ロジスティクス

ロジスティクス（兵站）という言葉の定義を行ったのもジョミニであった。『戦争概論』には、ロジスティクスはかつて部隊を宿営させ縦隊の行軍を維持し、ある地域に陣取らせることであったが、戦争が天幕なしでも敢行されるようになるに従って軍隊の移動は一層複雑なものとなり、その結果、参謀は従来以上に広範な機能を果たすようになった旨が記されている。さらに、ロジスティクスとはあらゆる可能な軍事知識を応用する科学以外の何ものでもないとも記されている。

つまりジョミニは、ロジスティクスという概念を作戦（オペレーション）（運用）や情報（インテリジェンス）を含む広義なものと捉えているが、これは彼の卓見であろう。なぜなら、今日でも戦争では作戦と同程度に、ロジスティクスと情報は決定的なまでに重要な役割を果たすからである。おそらくこれは、ジョミニがフランス軍でいわゆる後方管理業務に就いた経験があった結果であろう。また彼は同書で、軍隊の糧食の確保や工兵（エンジニア）の役割について大きな関心を寄せているが、これも自らのロジスティクス重視と関係しているのであろう。

ジョミニは、ロジスティクスを「戦略及び戦術の計画を遂行するための、諸手段と諸準備から構成される」とした上で「戦略は行動する場所を定め、ロジスティクスはその定めた地点へと部隊を動かし、大戦術（グランドタクティクス）は戦いの実施方法と部隊の運用を定めるものである」と定義する。そして「軍隊を動かす術（アート）」との端的な表現もある。

また、歩兵、砲兵、騎兵という三つの兵種の「諸兵種連合部隊」の運用をいち早く唱えたのもジョミニであり、さらに彼は国際法にも言及、戦争の人道化にも関心を示した。

有用な概念

前述のものに加え、「機動」と「集中」、「作戦基地」と「作戦線」、「機動線」と「後退線」、「補給線」、「支撐点（しとう）」、「地理上の戦略要点」と「機動上の戦略要点」、「求心作戦線」と「離心作戦線」といった概念もジョミニが細かく定義付けをしたものであり、当時の師団及び軍団制度の発展に伴って「大戦術」という概念を創出したのもジョミニである。

仮に、言葉の定義を行うことが学問を構築するための第一歩であるとすれば、「軍事学」の構築に対するジョミニの貢献度は極めて大きい。

科学（サイエンス）と術（アート）

ジョミニは、戦争及び戦略が科学（サイエンス）の側面が強いと認めながらも術（アート）であると記しているが、『戦争概論』での彼の論述は科学が前面に押し出されている。

なるほど、同書のしばしば引用される個所には「戦争はこれを全体として見た場合、科学（サイエンス）ではなく術（アート）である。（中略）その他のものの中でも戦いは総じて科学とは全く関係なく、それは本来劇（ドラマチック）的である。事実、戦いでは個人の力、直感（インスピレーション）、その他多くのものが支配的な要因を構成している」とあるが、これは、従来ジョミニに対し寄せられていた批判をかわすためのものと解釈する方が妥当である。クラウゼヴィッツの戦争観に刺激された結果でもあろう。

同様に、「戦争を幾何学と同一の次元に引き下げることは、優れた将軍の智謀に枷（かせ）をはめ、誇大な似非（えせ）学者のくびきに屈してしまう」との論述も、意図的なものを感じる。

一九世紀前半を代表する戦略思想家

本書の第一章で述べたように、一九世紀前半ならびに「ドイツ統一戦争」までは、クラウゼヴィッツではなく、ジョミニの影響力の方が圧倒的に大きかった。この時期にヨーロッパ各国の軍人に対する彼の影響が支配的であった理由としては、以下が挙げられる。

すなわち、①フランス革命がもたらした国民主義（ナショナリズム）という巨大な社会のエネルギーから、当時の支配者層が目を背け（そむ）たいと思ったから、②クラウゼヴィッツの難解かつ観念論的な論述よりも、ジョミニの明解かつ処方箋的な説明の方が人々に理解し易かったと共に、とりわけ軍人の思考に合致したから、③フランス語という「国際語」で書かれたジョミニの著作の影響力は、当時は主要言語でなかったドイツ語のクラウゼヴィッツのものと比較し、その読者層などに大きな違いが見られたから、④ジョミニは当時としてはかなりの長寿であり、とりわけ各国の軍隊に対する影響力が大きくなったため、⑤ジョミニがナポレオンに高く評価され多数の著作を刊行した経緯などによって、ヨーロッパ各国の軍人の注目を集めたため、などである。

もとより、ジョミニの影響はヨーロッパ大陸に留まらず、大西洋を越えたアメリカ大陸にも広がっていた。一九世紀中頃のアメリカ南北戦争（一八六一～六五年）では、「将軍の大半は片手にサーベルを、そしてもう片手にはジョミニの『戦争概論』を持って戦った」

と言われたほどである。つまり、ナポレオンの大陸軍（グランダルメ）が成功した「科学（サイエンス）」であれば、アメリカでも同様に有用であるはずと期待されたのである。

さらにイギリスの歴史家ヒュー・ストローンは、ジョミニの戦争観が今日に至るまでアメリカ軍人に大きな影響を及ぼし続けていると論じる。確かに、同国の軍人はもとより、国際政治学者や歴史家でさえ、ある事象を科学的かつ数字を用いて説明する傾向が強い。

但し、同じくイギリスの歴史家ジョン・キーガンがその著『情報と戦争――古代からナポレオン戦争、南北戦争、二度の世界大戦、現代まで』で鋭く指摘したように、この戦争の西部戦線でユリシーズ・S・グラントやウィリアム・T・シャーマンに代表される軍人は、自らが直面した問題に対し教科書的な幾何学に基づいた解決策ではなく、それ以上のものが求められたこともまた事実である。

ナポレオンとの関係性

ナポレオンとジョミニの関係性について、おそらくナポレオンは戦争という暴力的な環境の下では、ジョミニが希望した「司令官」の職（ポスト）は務まらないと判断していたのであろう。彼はあくまでもナポレオンやネイの参謀――助言者――の地位に留まった。またナポレオンはジョミニが野心的な人物であると知っていたため、自らを「偉大な軍人」として描く彼の存在を重宝したのであろう。

他方、自らの価値を認めてくれたナポレオンはジョミニにとって絶対的な存在であり、彼の後ろ盾もしくはお墨付きを得た著作の刊行は、有益であったに違いない。自らの独創（オリジナル）ではなく、ロイドやビューローに代表される先人たちが唱えていた原理及び原則を彼が「統合（シンセサイズ）」（アザー・ガット）したものにもかかわらず、ナポレオンは評価したのである。

だが、ジョミニのナポレオンに対する影響は決して大きくなく、実際、ナポレオンの現実の戦い方にはジャック・アントワーヌ・ギベール（フランス軍人）の影響が強く認められる。

そして、ナポレオンとジョミニのこうした関係性に注目する歴史家の中には、ジョミニを日和見主義（オポチュニズム）の壮大な「詐欺師（imposter）」と厳しい評価を下す者すらいる。

二　ジョミニとクラウゼヴィッツと

クラウゼヴィッツへの強い対抗意識

クラウゼヴィッツの戦争観がジョミニの論点を参考にしたものであることは疑いようの

ない事実である一方、ジョミニの『戦争概論』はクラウゼヴィッツの『戦争論』を強く意識し、クラウゼヴィッツ批判を展開しながらも、実のところ『戦争論』で示された多くの論点を自らのものとして取り込んでいる。

思えば、一つ年下のクラウゼヴィッツが、自分より三八年も前に死去したことは、ジョミニにとって幸運であったに違いない。

彼はクラウゼヴィッツが自らの『戦争概論』を精読し、その論点を『戦争論』に反映させる前に死去したことを残念に思う旨述べているが、おそらくクラウゼヴィッツは、『戦争概論』に接しても自らの論述を大きく修正することはなかったであろう。これとは対照的に、クラウゼヴィッツの戦争観に接し、著書の内容を大きく修正したのはジョミニであった。

興味深いことに、ジョミニは『戦争概論』でクラウゼヴィッツを必要以上に批判しているが、逆にその内容はクラウゼヴィッツの戦争観に近付いている。戦争における不可測な要素、「偶然」の要素への言及はその証左である。ジョミニがその著作から多々参考にしたオーストリアのカール大公（一七七一～一八四七年）は、彼の戦略思想のいわば同志であり競争相手である一方、クラウゼヴィッツは対抗者（ライバル）であった。

こうした事実については、『戦争概論』の事実上の初版とも言える一八三〇年のものと一八三八年の改訂版を比較考察すれば、さらに明確になる。

類似点と相違点

さらに興味深い事実は、クラウゼヴィッツが晩年に『戦争論』の修正に着手するまで、この二人の戦略思想家が唱えていた内容には大きな違いがない。軍の主力を決定的な地点に集中せよとの言説は双方に共通する。

よく考えてみれば、ジョミニもクラウゼヴィッツも共に、基本的には自国の軍人に対し「教訓」――戦術及び作戦次元の――を示そうとしたに過ぎず、ナポレオン戦争に衝撃を受けた二人の戦略思想家が目の前で展開された戦争の新たな様相を理解しようと模索した結果がそれぞれの著書であり、それを後の歴史家や軍人が「普遍性」――とりわけ高次の戦略に関する――を見出そうとするあまり、これらをやや過大に評価した事実が問題なのである。

その意味でも、ジョミニとクラウゼヴィッツの論点の一部だけを取り上げ、二項対立的な構図を描こうとすることは生産的でない。むしろ、双方の違いを認めつつ相互補完的に二人の戦略思想を捉えることで、戦争や戦略の本質へと迫ることができるのである。

なお、攻勢と防勢の関係性についてジョミニは、士気（モラール）及び政治戦略の観点からすれば攻勢がほぼ常に有利としながら、軍事的な観点からすれば長所と短所の双方を備えていると、均衡の取れた議論を展開しており、この点については、防勢の優位を唱えたクラウゼヴィッツの断定的な言説とは対照的である。
また、クラウゼヴィッツとは異なり、ジョミニは「戦闘」を戦争のほぼ唯一の手段であると考えてはいなかった。

三　ジョミニと「軍事科学」の構築

ジョミニの問題点

では次に、ジョミニの戦略思想の問題点を整理しておこう。

第一に、戦争の科学的原理や原則を強調することは、実のところ、ナポレオンが単にその原理及び原則の忠実な遂行者に過ぎないと捉えることになり、フランス革命がもたらした社会及び政治的変化の意味を理解できない。事実、ジョミニは『戦争概論』でこうした事象に触れる一方、スペインやロシアでのゲリラ戦争の意味するところを決して認めようとしなかった。彼は現実にスペインで勤務していたが、こうした戦いの様相を「危険かつ嘆かわしい」と評価した。後年にはナポレオンのロシア遠征にも参加し、同地のパルチザンの活動を認識していたはずである。

なるほど「スペイン中の僧侶、婦人、子供が孤立した（フランス軍：引用者註）兵士を殺す恐ろしい時代」よりも、「高貴で騎士道精神に富む戦争」や、フランスやイギリスの正規兵が丁寧に互いに先に火蓋を切るよう招く「旧き良き時代」を好むジョミニの心情は理解できるものの、戦争が同時代の政治及び社会状況を反映した事象である事実を忘れてはならない。

ジョミニはゲリラ戦争の原理及び原則を示すことは「馬鹿げている」と切り捨てたが、一九世紀末にはイギリス軍人チャールズ・エドワード・コールウェルがこれを「小さな戦争（small war）」として説明を試み、今日に至るまで対反乱作戦（Counter insurgency：COIN）の先駆として高く評価されている。

戦争や戦略における原理及び原則を強調するという意味においてジョミニは、古代中国の戦略思想家である孫子と共通するものがあり、また今日ではイギリスの国際政治学者コリン・グレイの言説を彷彿とさせる。『戦争概論』の至るところで、それらの箇条書きの「項目」及び「条件」（グレイの言い方では「格言」）が見受けられるが、これは、同書の狙いが処方箋の提示——指南書——である証左であろう。

ジョミニはまた、フランス革命後の同国軍の在りようにも違和感を抱いていた。換言すれば、彼は「制限戦争」の時代にこだわり、革命がその源泉となった「絶対戦争」の出現を決して認めようとしなかった。そして、「時こそが一切の狂気や破壊教義にとっての真の救いである」と、時間の流れに問題の解決を委ねたが、フランス革命によって放たれた人々の熱狂あるいはエネルギーが消滅することなどあり得ない。

ここにも、戦争を政治及び社会的事象として認識していないジョミニの戦争観がうかがわれる。結局のところ彼は、第八章で論じるバジル・ヘンリー・リデルハートと同様、「旧き良き時代」の戦争――制限戦争（限定戦争）――への回帰を模索したが、時代及び社会状況の変化と戦争の様相の変化の関係性を考えると、こうした期待は幻想に過ぎなかった。

第二に、第一の問題点との関連で、ジョミニが原理及び原則の存在を過度に強調した事実である。

その結果、自身が示した原理及び原則に当てはまらない過去の事例について全く考察することはなかった。加えて、自らが示した原理及び原則にこだわるあまり、ジョミニはこの時期に飛躍的に発展した鉄道や電信とその軍事利用に関心を示さなかったが、やはりこれでは戦争と時代状況の関係性を理解することなど不可能である。

第三に、政治と戦争の関係性についてジョミニは、一旦戦争が始まれば政治は軍事に介入してはならないとの、当時の軍人が一般的に抱いている戦争観を共有した。彼はとりわけオーストリアの戦争の経験から、政治家によって戦場から遠く離れた場所で重大な決定がなされた結果として同国が敗北した、との教訓を得ていたからである。

『戦争概論』で、少しばかりであるものの戦争の政治目的を論じていたジョミニだけに、この点は残念である。

幾何学としての戦争？

ジョミニは、「いやしくも戦場往来の古強者（ふるつわ）である限り、誰でも戦争が偉大な劇（ドラマ）であり、そこでは有形、無形のあらゆる要因が複雑に絡み合い、互いに強力に作用し合い、単純な数理的計算では決して割り切れるものではない事実を、先刻承知しているに違いないからである」と述べているが、やはりこれも『戦争概論』全般の趣（おもむ）きとは大きく異なる。

彼はまた、自らが唱える原理及び原則をクラウゼヴィッツが全く誤って解釈していると批判すると共に、ビューローがジョミニが想定すらしていない誇張された結論を導き出したと批判する。周知のように、ビューローはこの時代を代表する戦略思想家の一人で、戦争に勝利するための原理の存在を強く主張、さらに戦争を幾何学的な計算であるとした人物である。だが、ここでも現実に示されたジョミニの戦略思想がビューローのものに極めて近いことは否定できない。

なるほど彼は『戦争概論』で、軍隊の士気（モラール）に象徴される戦争での不可測な要素の重要性に触れているが、おそらくこれも、クラウゼヴィッツの戦争観を自らの著書に取り込んだ結果であろう。やはり戦争を巨大な「チェス・ゲーム」と単純に捉える戦争観は誤りである。

最後に、例えばジョミニは兵力を決定的な地点（決勝点）に集中せよと唱えているが、問題はその地点をいかにして特定するかであり、彼はこうした問いに対し何も語っていない。

加えて、クラウゼヴィッツが唱えたように戦争が敵と味方の相互作用であるとすれば、当方が考えることと相手が考えることが同様である可能性についてジョミニは記していない。つまり、仮に敵も味方も等しく『戦争概論』を読み、同じ教訓を得た場合、いかなる事態が生じるかという根源的な問いである。

軍人に対する教訓の重要性

確かに、ジョミニの戦略思想は教訓的かつ処方箋的である一方、専門職としての軍人に対する教育に限れば一定の意味を有する。だからこそ、今日に至るまでジョミニの戦略思想は世界各国の軍の教育機関で教えられ、また、ジョミニ的な教育方法が多用されているのである。

思えば『戦争概論』は、「指導を容易にし、作戦上の判断をより的確にし、間違いが生じ難く」する狙いでまとめられた指南書である。また、彼のもう一つの主著『大陸軍作戦論』の原題は *Traité des Grandes Opérations Militaires* (*Treatise on Grand Military Operations*)

であるが、おそらくTraitéという言葉は彼の戦略思想の要諦を理解するための鍵であろう。すなわち、戦争や戦略について簡潔に「取り扱う」こと、そして、それを簡潔な形で軍人に示すことがジョミニの狙いなのであった。今日では、これは軍人に求められる教育内容と「パワーポイント」の親和性に表れている。

もとより、イギリスの歴史家マイケル・ハワードがその論考“The Use and Abuse of Military History”で鋭く指摘したように、戦争の歴史から安易に教訓を引き出そうとする方策は真の意味での軍事史ではなく、慎まなければならない。

やや厳しい表現を用いれば、ジョミニは「ナポレオン流の戦争方法」を解説したに過ぎなかったが、同時代のヨーロッパ各国の軍人がナポレオンが成功した秘密――原理及び原則――を探し求めていたからこそ、彼の著作が高く評価されたのであろう。なぜなら、ジョミニはナポレオン戦争で彼の側近として多くの戦いを経験しており、ナポレオンの戦い方に最も精通していると期待されたからである。

ジョミニと「西側流の戦争方法」

ジョミニの戦略思想のその後の影響について単純化の誹（そし）りを恐れず述べれば、ロイドやビューローなどが示した様々な概念をジョミニが「統合」し、これがフォッシュ、フラー、そしてアメリカ軍を経て日本へと受け継がれたのである。

だが、第一次世界大戦及び第二次世界大戦は、ジョミニの影響力のさらなる低下を招く契機となった。なぜなら、こうした戦争の結果、ナポレオン時代の戦いの様相が完全に消滅したからである。

加えて、「西側流の戦争方法」もしくは「アメリカ流の戦争方法」は第二次世界大戦後の冷戦の一時期、バーナード・ブロディ（本書第九章を参照）などによって否定された。集中、攻勢的な行動、戦いによる決着、などジョミニが示した概念は、核時代のとりわけアメリカ及び西側先進諸国の戦い方に合致しないとされたのである。

また、今日に至るまで頻発する反乱（インサージェンシー）についても、ジョミニがゲリラ戦争に対しもう少し真摯に向き合っていれば、彼の戦略思想の価値が認められていたであろう。

四　教訓としての戦争及び戦略

言葉の意味するところの発展

「戦略」という言葉の多義性及び曖昧性については従来指摘されている。

この言葉が、ギリシア語の「ストラテゴス」（strategos）あるいは「ストラテギア」

（strategia）に由来する事実はよく知られているが、ストラテゴスとは戦時に軍隊の指揮を執るためにアテネ市民から選ばれた文民もしくは軍人官僚（あるいは、その双方の資質を備えた一人の人物）であり、ストラテギアとは「将軍の知識」を意味する。

このように、戦略という言葉の起源は狭義の軍事の領域に求めることができるが、その後、これが時代の要請に応じて徐々にその意味するところを拡大していった。実際、ジョミニに代表される戦略思想家は同時代の戦争の様相に呼応する形で戦略を再定義した。

その際、戦略が教訓といった文脈で語られることが多々ある。事実、今日でも『孫子』の「教え」やジョミニの「敵より優勢な兵力を決定的な地点に集中せよ」という処方箋的な教訓が、世界各国の軍の教育機関における教育内容の中核を成している。

簡潔かつ実用的な教訓

そこで以下では、多くの戦略思想家が示した教訓を紹介しておこう。これらが極めて実用的であり、時として有用であるからである。

もちろん、イギリスの海軍戦略思想家ジュリアン・コルベットが警告したように、「戦争の研究の中で、格言を決断の代替物として許すことほど危険なものはない」のであり、また、その教訓が処方箋的であればあるほど普遍性に欠けるが、こうした欠点にもかかわらず、ジョミニに代表される教訓としての戦略は今日でも広く認知されている。

例えば、リデルハートの八つの格言は今日でもしばしば引用される。第八章の記述と重複するが、それらは、①目的を手段に適応させよ、②目的を常に銘記せよ、③最小予期線（最小予期コース）を選択せよ、④最小抵抗線を活用せよ、⑤代替目標への変更を可能にする作戦線を取れ、⑥計画及び配置が状況に適応するよう柔軟性を確保せよ、⑦敵が油断していない時は、すなわち、敵が味方の攻撃を撃退、回避できる態勢にある内は、味方の兵力を打撃に投入するな、⑧作戦が失敗した場合、同一の作戦線（形式）に沿った攻撃を再開するな、といったものであり、こうした格言にはジョミニが定義した用語が使われている。

次に、アメリカの国際政治学者エドワード・ルトワックはその著『ビザンツ帝国の大（グランド・）戦略（ストラテジー）』でビザンツ帝国（東ローマ帝国）が長期間にわたって生き延び得た理由を、次の七個の教訓としてまとめた。すなわち、①あらゆる可能な手段を用いても、あらゆる状況においても戦争は回避せよ。但し、あたかもいつでも戦争が始められるよう常に演じよ、②敵と敵の心情（メンタリティー）に関する情報を集めよ。そして敵の行動を継続的に監視せよ、③攻勢的であれ防勢的であれ、力強く戦え。しかし、その多くは小規模な部隊をもって攻撃せよ。全面的な攻撃よりもむしろ、偵察、急襲、襲撃を強調せよ、④消耗戦争を機動を用いた「非戦闘」で代替せよ、⑤全面的な勢力均衡状態を変える目的で同盟諸国に働き掛けることによって、成功裏に戦争を終結させるよう努めよ、⑥転覆工作（サボタージュ）が勝利への最善の道である、⑦外交と転覆工作だけでは不十分な場合は戦わねばならないが、相関的な作戦方法や戦術を用いなければならない。そうすることによって最も優勢な敵の力を出し抜くことができ、また、敵の弱点を活用することができるからである、といった教訓である。

周知のように、ビザンツ帝国の戦略の顕著な特徴は、現状維持国としてあくまでも防勢に徹するという基本方針であった。そこでは、仮に他に適当な手段が存在するのであれば、可能な限り戦争を回避すると共に、一旦、戦争が勃発すれば、最小限の兵力及び資源で戦争に勝利することこそ理想的な戦い方であるとされた。当然ながら、正義や道徳といった抽象的な価値の名の下に戦争を遂行することなど、絶対に許されなかった。

さらに、冷戦期にアメリカ国防長官を務めたロバート・S・マクナマラは、キューバ危機やヴェトナム戦争での苦い経験を踏まえた上で、①敵の身になって考えよ、②理性には頼れない、③自己を超えた何かのために、④効率を最大限に高めよ、⑤戦争にも目的と手段の釣り合い（バランス）が必要である、⑥資料（データ）を集めよ、⑦目に見えた事実が正しいとは限らない、⑧理由付けを再検証せよ、⑨人は善をなさんとして悪をなす、⑩「決して」とは決して言うな、⑪人間の本性は変えられない、といった一一個の教訓を挙げている。

最後に、中国の毛沢東の遊撃戦理論の中核を成す「敵進我退、敵駐我擾、敵疲我打、敵退我追」（敵が進めば退き、敵が駐まれば擾乱し、敵が疲れれば攻撃し、敵が退けば追う）は今日でも広く参考にされているが、この背景には、いかなる時代や地域でも人々が勝利のための教訓を求め過去を紐解いている事実がある。

教訓、あるいは原理及び原則に対し慎重であるべきことさえ忘れなければ、ジョミニが示した教訓は、今日の戦争を考える上でも有用である。事実、総じて実務家あるいは軍人は、ジョミニ的な簡潔な方法で戦争を理解することを求めている。

おわりに

振り返ってみれば、ジョミニは他の著名な戦略思想家と同様、ヴィジョナリーであり、またそれゆえ、自我の強さのためフランス軍内で疎んじられたのであろう。ナポレオンの参謀総長ルイ・アレクサンドル・ベルティエとの確執は広く知られる。

「ドイツ統一戦争」そして第一次及び第二次世界大戦を契機として評価が下がったジョミニは、一九七〇年代中頃からハワードとピーター・パレット（アメリカの歴史家）による『戦争論』英訳の刊行に始まる「クラウゼヴィッツ・ルネサンス」をさらなる契機として、忘れられた存在になっていった。

ジョミニはクラウゼヴィッツの言う戦争の「文法」にのみ関心を寄せた。また、彼は「なぜ」ではなく、「いかに」ある軍隊が敵に勝利できるかに関心を寄せた。そして、彼が唱えた「戦争のシステム」とは、実のところ自らの「恣意（しい）性（arbitrariness）」の産物に過ぎなかった。

この時期のある軍人研究者は哲学者アイザイア・バーリンを援用し、ジョミニを「キツネ」、クラウゼヴィッツを「ハリネズミ」に喩（たと）え、キツネは多くの事柄を知っているが、ハリネズミは重要な事柄を一つ知っていると論じた上、クラウゼヴィッツを高く評価した。

基本的にこうしたクラウゼヴィッツを重視する潮流は今日に至るまで続いているものの、たとえ初歩的なものであったとは言え、軍事学（軍事科学）、さらには学問としての戦略、学問としての戦争の構築を試み、その基礎――とりわけ言葉の定義――を築いたジョミニの功績は、決して過小に評価されてはならない。軍事専門用語の「統合者（シンセサイザー）」（アザー・ガット）としての彼の貢献である。

事実、ジョミニの原理及び原則は今日の世界各国の軍人の戦略思想や教義（ドクトリン）の中に深く根付いており、現実に用いられている。これはまさに、リデルハートやフラーの機動戦争の思想が一般に意識されることなく今日のアメリカ軍の戦い方に取り込まれているのと同様である。

確認するが、ジョミニの戦略思想はフォッシュに代表される「新ナポレオン学派」やフラーなどに引き継がれ、それがアメリカ軍人を経て今日の日本へと至った。

軍での教育内容はもとより、職務の遂行に当たり軍人にとっては簡潔さが強く求められ、ジョミニの戦略思想の「簡潔さ（simplicity）」は決定的なまでに重要であった。「複雑性に対する要点の勝利（the essential triumphs over the complex /triumphs of the essential）」（アントゥリオ・エチェヴァリア）と評価される所以である。彼が示した原理及び原則は、軍人に対する教育、さらに軍人の精神（メンタリティー）との親和性が高いのである。

また、最終的には実現できなかったものの、ロシアで軍の教育機関の創設に尽力したのもジョミニであり、これが今日の世界各国の国防大学及び参謀大学の先駆けとなった。加えて、「戦いの最初の段階（ステージ）より後は敵及び味方の動きなど予測不可能」との発言はモルトケのものとされているが、実はこれは、ジョミニが述べていたものの焼き直しである。

だが、ジョミニが国民皆兵（徴兵）軍を基盤とした「ナポレオン流の戦争方法」や鉄道及び電信を巧みに用いた「モルトケ流の戦争方法」に代表される新たな戦争の様相を、自らが示した原理及び原則の「例外」とした事実こそ、彼に対する評価を下げる一因となった。

実際、彼は「ナポレオン流の戦争方法」が成功した要因を理解していたにもかかわらず、これを普遍的な原理及び原則と唱えたことによって、自らの言説に多くの矛盾を生じさせた。なるほど彼はその後、原理及び原則に対するこだわりを少しずつ和らげたものの、最後まで自らの論述の問題点を正式に認めることはなかった。おそらく彼は、自らの間違いを認めるにはあまりにも誇り高き戦略思想家であったのであろう。

それ以上に、残念ながら彼が示した原理及び原則の多くはロイドやビューローといったそれ以前の戦略思想家からの「借り物」であり、その独創性（オリジナリティー）については極めて疑わしい。ロイドからの「作戦線」、ビューローからの「作戦基地」や「決定的な地点（決勝点）」などである。だが、啓蒙主義及び狭義の実証主義は、既に時代遅れの思考となっていた。

その意味においてジョミニに対する歴史家ジョン・シャイの評価、すなわち「現代戦略の創始者との怪しげな称号（dubious title of founder of modern strategy）」とは卓見である。クラウゼヴィッツとジョミニの関係性を考える時、筆者はどうしても作曲家ヴォルフガング・アマデウス・モーツァルトに対するアントニオ・サリエニの嫉妬心及び対抗心を見事に描いた映画『アマデウス』（一九八四年）を思い出してしまうのである。

本章の参考文献

ジョミニ著、佐藤徳太郎訳『戦争概論』中公文庫、二〇〇一年

ジョン・シャイ「ジョミニ」ピーター・パレット編著、防衛大学校「戦争・戦略の変遷」研究会訳『現代戦略思想の系譜――マキャヴェリから核時代まで』ダイヤモンド社、一九八九年

ローレンス・フリードマン著、貫井佳子訳『戦略の世界史――戦争・政治・ビジネス』上巻、日本経済新聞出版社、二〇一八年

Michael Howard, "Jomini and the Classical Tradition in Military Thought," in Micheal Howard, ed., *The*

Theory and Practice of War (Bloomington, IN: Indiana University Press, 1965)
Hew Strachan, “Strategy and Contingency,” *International Affairs*, 87. No. 6 (2011)
Hew Strachan, “Operational Art and Britain, 1909–2009,” in John Andreas Olsen and Martin van Crefeld, eds., *The Evolution of Operational Art from Napoleon to the Present* (Oxford: Oxford University Press, 2011)
Azar Gat, *A History of Military Thought: From the Enlightenment to the Cold War* (Oxford: Oxford University Press, 2001)
Antulio J. Echevarria II, “Jomini, Modern War, and Strategy: The Triumph of the Essential,” in Hal Brands, ed., *The New Makers of Modern Strategy: From the Ancient World to the Digital Age* (Princeton and Oxford: Princeton University Press, 2023)
John Keegan, *The American Civil War* (New York: Knopf, 2009)
Christopher Bassford, *Clausewitz in English: The Reception of Clausewitz in Britain and America 1815–1945* (Oxford: Oxford University Press, 1994)
Richard M. Swain, “The Hedgehog and the Fox: Jomini, Clausewitz, and History,” *Naval War College Review*, 43(2), 1990

第三章　フェルディナン・フォッシュ——戦争の原理及び原則の確立

はじめに

フェルディナン・フォッシュ（一八五一〜一九二九年）はフランス軍人であり、戦略思想家である。彼の墓はナポレオンと同じ、パリの廃兵院（アンヴァリッド）に安置されている。

普仏戦争（一八七〇〜七一年）に参加後、理工科学校を経て一八八五年にフランス陸軍大学校に学生として入学、同大学での教官を務めた後一九〇八年には同大学校長に就任する。

一九〇三年に『戦争の原則』、一九〇四年に『戦争指導』を刊行したが、基本的にこれらは陸軍大学での講義をまとめたものである。彼の著作にはクラウゼヴィッツ（本書第一章を参照）の影響が強く認められ、歴史の事例についてはナポレオン戦争と「ドイツ統一戦争」が中心であるが、これらは彼の前任者たちがまとめていたものであるとの否定的な評価も存在する。併せて、フォッシュの人格のみが彼を偉大にしたとの皮肉交じりの評価もある。

なるほど、フォッシュの著作には独創性がないとの批判には一定の根拠があるが、第一次世界大戦での活躍——連合国軍最高司令官としてフランス及び連合国軍の勝利に大きく貢献——にも助けられ、その後、彼がヨーロッパ諸国の軍人の思想に大きな影響を及ぼしたことは事実である。

また、あたかもジョミニ（本書第二章を参照）の戦略思想を継承する形で戦争における原理及び原則の存在を強調したことによって、今日でもその影響を及ぼし続けている。意外にも思えるが、フォッシュの戦略思想の源泉の一つはジョミニであり、それが自らの原理及び原則の重視へと繋がった。

第一次世界大戦を別として、フォッシュの経歴で特筆すべき点はフランス陸軍大学校で軍事史、戦略及び戦術を教えたことである。彼の一連の講義内容はフランス軍人に大きな影響を及ぼし、それが同国軍の「攻勢主義への妄信」あるいは「過剰な攻勢」へと繋がる一つの要因となったとされる。但し、第一章で述べたように、戦いの様相を一人の人物の思想に帰することには注意を要する。

一　フォッシュとその影響

フランスでのクラウゼヴィッツの「発見」

第一次世界大戦前のフランスの戦略思想に対する批判をめぐってイギリスの戦略思想家

フェルディナン・フォッシュ（1851～1929）。フランス軍人、戦略思想家。

バジル・ヘンリー・リデルハート（本書第八章を参照）はその著『ナポレオンの亡霊』で、「フランス軍人がクラウゼヴィッツに夢中になったのは、誰よりもクラウゼヴィッツがナポレオンの代弁者であることを彼らが単純に確信したからであった」と解釈する。

同大戦へと至るフランス軍人の思想に対するクラウゼヴィッツの影響について彼は次のように述べた。「ジルベール（フランス軍人：引用者註）は、一八七〇年の敗戦（普仏戦争でフランスが敗れたこと：引用者註）の原因をフランス軍が攻勢を採らなかったことに帰すると極めて単純に説明した。新たな兵器の威力を無視して彼は、傷付いたフランス国民の自尊心に訴えた。そのため、彼は『フランス国民の猛突撃』の復活のため警鐘を乱打、絶対的な信念をもって、弾薬の威力がいかなるものであれ敗戦は不可避であったと主張した。ジルベールは、フランス陸軍砲兵・工兵技術学校でジョッフル（フランス軍人：引用者註）と同期であった。また、彼が影響を与えた人物の一人に将来の陸軍元帥フォッシュがおり、フォッシュはこのような伝統の戦略思想の系譜を継承する人物になったのである。フォッシュの著作を分析すると、彼が自らの戦争理論の思想的根拠を直接かつ無批判にクラウゼヴィッツに求めたことが明らかに認められる。こうして彼は、クラウゼヴィッツ理論のさらに極端な『拡大鏡』になってしまった。フォッシュの主張は、敵野戦軍主力の撃滅が終始、唯一の手段であるということである」。

なお、リデルハートは一九三一年にフォッシュの評伝 *Foch: Man of Orleans* を刊行しており、また、彼の戦略思想の源泉の一つがフォッシュであるとの評価があるほどその影響を強く受けている。

フォッシュとウィルソンの関係性

リデルハートは、母国イギリス軍人の第一次世界大戦前の戦略思想をクラウゼヴィッツとの関連で以下のように批判した。

このようにして、クラウゼヴィッツからジルベールとフォッシュを経て、グランメゾン（フランス軍人：引用者註）へと至る一連の戦略思想の系譜が完成された。しかしながら、不幸なことに今やこの思想の潮流にイギリスの運命までが託されることになった。これは、フォッシュの提案にヘンリー・ウィルソンが、友情の証として簡単に同意したためである。ウィルソンは、先にイギリス陸軍大学校校長、次いで、第一次世界大戦直前の数年間は陸軍作戦部長の要職にあった。

この友情こそ、イギリスの歴史の行方を転換させたものであったと言って過言でなく、大英帝国の伝統的な戦争政策（海軍を中核とする「イギリス流の戦争方法」：引用者註）に革命的なまでの変化をもたらした。なぜなら、フォッシュがウィルソンに対し抱いていた精神的優越感に加え、ウィルソンがフォッシュの戦争に対する考え方を無条件に容認したため、イギリス陸軍がフランス陸軍の戦争計画の従属物へと成り下がり、イギリス軍は役に立たないと批判される一方で、同国政府は能力を超えた不利な言質を取られてしまったからである。ウィルソンが柔軟性の欠如した細部作戦協定を締結したことは、あたかも、イギリスの政策決定の行方を左右する首に巻き付けられたロープのようなものになった。
加えて、フォッシュ＝ウィルソン協定は、イギリス陸軍がフランス陸軍の左翼に位置して共同作戦を行うよう規定したため、イギリスは伝統的戦略から決別することになった。すなわち、イギリス陸軍徴兵部隊や陸軍主力を、フランス本国に配備することを余儀なくされたのである。

ここでリデルハートが批判している協定とは、第一次世界大戦前の一九一二年にイギリスとフランスの陸軍参謀本部の間で合意されたヨーロッパ大陸での作戦計画に関するものであるが、彼によればこの協定こそ、緒戦におけるイギリス陸軍の行動の自由を奪い、さらには、同国が徴兵制度まで用いて大規模な陸軍を関与させた元凶なのである。

フォッシュからリデルハートへ

戦略思想家としてのリデルハートは歩兵戦術の改訂からその歩みを始めたが、彼の関心は戦術の次元に留まらなかった。戦いに向けた訓練に対する彼の関心は、戦いの全てに共通する何らかの原理及び原則の存在をリデルハートに強く意識させた。フォッシュやジャン・コラン（フランス軍人）の著作に刺激され、「こうした考えから私は、全ての次元において成功とは敵を見極め、機動し、その状況を活用するという一つの総合を達成できるかに懸かっているという結論に達した」のである。

そしてこうした概念をリデルハートは、戦争における「暗闇の中の人間理論」と名付けた。彼はクラウゼヴィッツと同様、戦争ではあらゆるものが極めて単純である一方、単純なものこそ難しいとの戦争観を示したが、彼はフォッシュから「暗闇の中の人間理論」、さらに戦争の理論化の重要性を学んだのである。

併せて、リデルハートは戦争は将軍あるいは軍人の心の中でその勝敗が決定されると、フォッシュを彷彿とさせる戦争観を抱いていた。その結果、第一次世界大戦の責任を追及するに際し彼は、例えば産業力や技術力、民族主義（ナショナリズム）の決定的な存在あるいは欠如といった要因でなく、軍司令官の「下手な一手（プレイ）」にその原因を求める傾向が強かった。

イスラエルの歴史家アザー・ガットは、リデルハートの戦略思想の源泉と考えられる人物としてフランスの「新ナポレオン学派」、J・F・C・フラー（イギリスの戦略思想家）、ジュリアン・コルベット（イギリスの海軍戦略思想家）、「アラビアのロレンス」（本書第一〇章を参照）を挙げているが、「新ナポレオン学派」の中ではとりわけフォッシュとコランの影響が大きい。

リデルハートはコランの著『戦争の変遷』を精読している。事実、「カリキュレーション（計算）」、「ヴァリエーション（多様性）」、「ディスロケーション（攪乱）」、「エクスプロイテーション（［戦果の］拡大）」といったリデルハートが多々用いた概念は、コランが最も重視したキーワードであり、コランがナポレオン戦争から導き出したものである。

リデルハートがジョルジュ・ジルベールの影響を受けたこともまた事実である。「拡大する急流」といった概念は、疑いなくジルベールの影響である。

このように、戦争の一般理論を構築しようと試みたリデルハートは、フランスの戦略思想から大きな影響を受けていた。フラーはリデルハートと同時代の人物であるが、フラーもまた、フォッシュの著作に刺激を受けていた。

フォッシュからフラーへ

事実、フラーはその著『制限戦争指導論』でフォッシュとアルダン・ド・ピク（フランス軍人）の思想に強い関心を示した。

フラーという名前からは、直ちに「戦いの原則」が思い浮かぶであろう。彼は第一次世界大戦前には既に六個の「戦いの原則」を提示しており、大戦中にさらに二個を加えた。フラーは一九二六年に『戦争の科学の基礎』を刊行し、その序言で自らの「戦いの原則」がどのように生まれたかについて記している。それによれば、基本的にナポレオン・ボナパルトの戦争指導から着想を得たもので、当初は、目標、集中、攻勢、保全、奇襲、機動であったが、その後、新たに兵力節約、協同を加えた。

また、こうした八個の「戦いの原則」をさらに洗練させた形で一九二四年版の「野外要務令（ＦＳＲ）」では、目標維持、攻勢的行動、奇襲、集中、兵力節約、保全、機動、協同を挙げた。

最終的にフラーは「戦いの九原則」を定めたが、これは、基本的には今日に至るまで世界各国の軍に受け継がれている。それらは、①目標（direction）、②集中（concentration）、③配置（distribution）、④決意（determination）、⑤奇襲（surprise）（＝敵の士気の低下）、⑥忍耐（endurance）、⑦機動（mobility）、⑧攻勢的行動（offensive action）（＝敵軍の組織崩壊）、⑨保全（security）であるが、ここにはフォッシュの影響、さらにさかのぼればジョミニの影響が強く認められる。

二　「新ナポレオン学派」もしくは「攻勢主義派」の誕生

「攻勢主義への妄信」

そもそも「攻勢主義への妄信」という言葉は、第一次世界大戦開戦時のフランス陸軍総司令官ジョゼフ・J・C・ジョッフルがその『回顧録』で用いたもので、彼自身、これを「何となく理性では説明できない性質」のものと述べている。その後の歴史家は、この「攻勢主義への妄信」という言葉に注目し、第一次世界大戦を通じて多大な犠牲を出した原因の一つとしてこれを強く批判した。

その場合、ジルベール、ジョッフル、フォッシュ、ルイ・ド・グランメゾンというフランスの戦略思想の系譜から、いかにして「攻勢主義への妄信」がフランス軍に定着するに至ったかを説明するのが一般的である（図を参照）。

最初に、ジルベールが普仏戦争でフランスが敗北した原因を同国軍が攻勢を用いなかったためと結論し、これが彼の影響を強く受けたフォッシュへと継承された。

ジルベールがフランス軍の伝統的な銃剣突撃及び白兵主義を過度に重視し、戦争の勝利は犠牲となった血によってのみ得られると述べた事実は広く知られる。またフォッシュがその著『戦争の原則』で、①今日の戦争は国家の存亡を懸けた戦いである、②敵の意志を破壊しない限り戦争は終結しない、③敵の野戦軍主力の撃滅が戦争に勝利するための唯一の手段である、④攻勢だけが正しい手段である、と述べた事実、そして、⑤勝利への意志の重要性を過度に強調した事実、も広く知られる。

そしてこの時期、ロシア軍人ミハイル・ドラゴミロフが唱える精神主義がフランスでも注目され、アルダン・ド・ピクが「発見」されたのである。

次に、攻勢主義の利点だけに注目した陸軍大学校でのフォッシュの教え子、とりわけグランメゾンは、戦争での勝利を確実にする方策が熱狂的なまでの攻勢であると信じるに至った。彼は後年、フランス軍の新たな作戦指導綱領を作成し、この方針に反対する者を容赦なく追放したが、この綱領には「フランス陸軍はその伝統に回帰し、もはや攻勢以外の

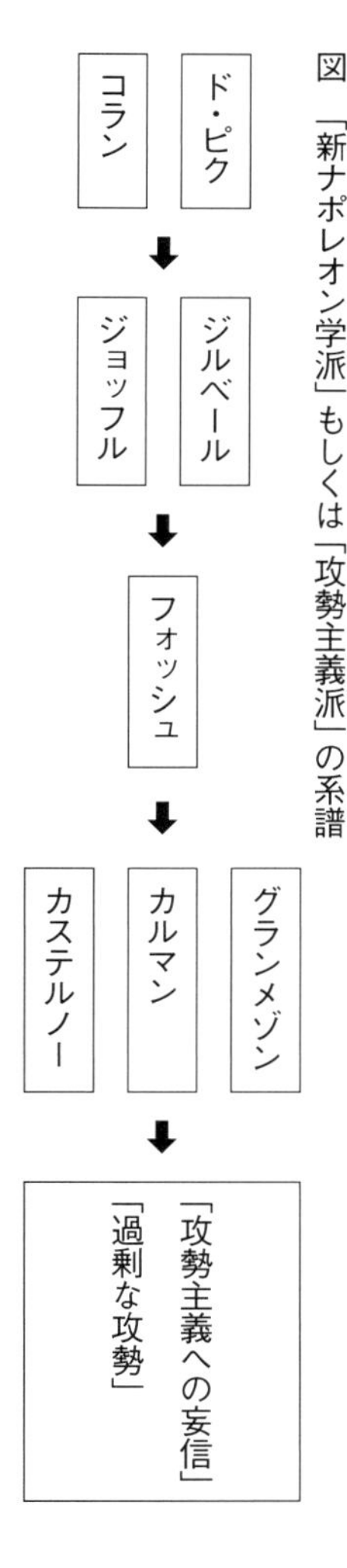

図　「新ナポレオン学派」もしくは「攻勢主義派」の系譜

いかなる原則も認めない」と記されていた。また、ジョッフルもフランス陸軍は「攻勢以外の法則を全く知らない。（中略）それ以外の概念は、戦争の性質そのものに反するものとして拒否されなくてはならない」と、グランメゾンと同様の考えを示していた。

フランスと二〇世紀初頭の時代状況

このように、フランス軍は攻勢主義に取りつかれた。

だがここで重要なことは、こうした精神が軍人に留まらず、これと対立する同国のいわゆる急進左派勢力にも同様に受け入れられていた事実である。さらにこの攻勢主義へのこだわりは、フランス国民全体に共有されていた。

そうしてみると、問題の本質はなぜ当時のフランスで「強固な意志」や「攻撃精神」といった概念が受容されたかを探ることである。

一つとなるのが当時の「国際（戦略）環境」である。もちろん、これを理解するための手掛りのある「国際（戦略）環境」の考察だけでは十分でなく、フランスの社会及び政治に注目しその制約を探る「国内要因」、さらには二〇世紀初頭の「時代精神」を考察する必要がある。

「攻勢主義への妄信」の起源

前述のガットは、こうした三つの次元を念頭にフランスにおける「攻勢主義への妄信」の起源を四つ挙げている。

その第一は、一八八〇年代にフランス軍人がドイツの戦略思想に接する機会が増えたことであり、第二は、フランス国内の政治及び社会状況が「攻勢主義への妄信」への関心を高めたからである。第三は、ドイツ軍に対するフランス軍の劣等感とそれを補完するための希望的観測を含む精神力の強調であり、第四は、二〇世紀初頭のフランス国内の知的環境の影響である。

ガットが指摘する第一の起源は、「フランスでのクラウゼヴィッツとナポレオンの発見」と表現されるもので、フランス軍人はコルマール・フォン・デア・ゴルツ（ドイツ軍人）などの著作を通じクラウゼヴィッツの戦争観及びナポレオンに対する評価を学んだのである。第二は、フランスの政軍関係の悪化に対応するため軍が注目したジルベールの精神力重視に関係し、第三は、ドイツ軍に対する数的及び質的な劣勢を補う目的でド・ピクの精神力重視が「発見」された事実に関係する。第四は、いわゆる「エラン・ヴィタール（生の飛躍）」である。

そしてガットはこうした四つの起源の結合が「攻勢主義への妄信」という謎を解くための鍵であると主張した。

それでは、前述した三つの次元についてそれぞれ考えてみよう。

「国際(戦略)環境」

第一次世界大戦前のフランスの戦い方は同時代の国際環境を反映したものである。例えば、一八九一年に仏露同盟条約が締結されたのを受けフランスはロシアと共同してドイツに対抗する方針を決定した。その後も強化されたこの同盟の核心は、ドイツを仮想敵とし、両国はドイツ軍が動員に着手すれば事前協議なく直ちに全力を挙げて同時に攻勢に出ることであった。つまり、フランスが同盟国ロシアを支援するためには攻勢主義的な戦い方を採用する他なかったのである。

またフランスでは一九一三年に「現役三年法」及び「予備役編入法」が成立し、これによって同国軍は、数の上ではドイツ軍との対等性をほぼ回復した。同時に、同国の鉄道網が改善され軍の動員に要する時間も短縮された。一方、フランス軍に呼応し東プロイセンへ攻勢予定のロシア軍の動員態勢にも顕著な進展が見られ、イタリアの中立の可能性が高まり、イギリスとの協商によって海上での安全が確保されたことなど、フランスが戦争の主導権を取れる国際環境が整いつつあった。

その結果が第一次世界大戦緒戦で運用された「第一七号計画」(一九一三年策定)に繋がったが、これはドイツ軍の出方に追随しそれに反撃するのではなく、自らの計画に従ってフランス軍が積極的に主導する戦い方であった。

「国内要因」——政軍関係の危機

アメリカの国際政治学者ジャック・スナイダーは第一次世界大戦の原因を考察した著書で、なぜヨーロッパ主要諸国の軍人が攻勢主義的な戦い方を採用したかについて説明を試みた。

スナイダーによれば、ドイツ、フランス、さらにロシアにおいて執拗に攻勢が追求された理由は政軍関係の危機であり、この危機によって軍人は自らの自律性を高め、かつ、文民政治家が介入する可能性を低くするために攻勢主義的な戦い方を選択した。

また、彼らは国家政策に占める軍の重要性を高め、より多額の予算を有する大規模な軍を創り出すため、攻勢主義を選んだ。実際、軍人に主導権を与えることを前提とした攻勢主義はこうした目的に合致したのである。

第一次世界大戦前の「攻勢主義への妄信」は、軍事組織がその自律性、名誉、伝統を守るためにはこうした戦い方が有用と考えられたからであり、また、組織における一連の行動(ルーティン)を単純化し、組織内の対立を解消できると期待されたからであった。軍という組織の要請、筆者の言う「国内要因」である。

フランスの国内事情と「無制限な攻勢」

フランスはまた、特殊な国内事情を抱えていた。

例えばジョッフルは、防勢志向が極めて強く、士気（モラール）の低下したフランス軍の空気を刷新する必要性を感じていた。そして、同国軍の士気を高めることを主たる目的として、当時、攻勢主義を強く唱えていたグランメゾンやアルフォンス・ジョルジュ、そしてエドゥアール・ド・カステルノーに代表される軍人を重用したのである。

もとより、軍事の次元におけるグランメゾンの強硬な議論は、その当時のフランス国内の空気を反映したものに過ぎない。これは後述の「時代精神」とも関連するが、「攻勢主義への妄信」とは、一九一一～一二年に掛け軍人であれ文民であれ、同国の指導者層を支配した熱狂的な民族主義（ナショナリズム）を基礎とした攻撃性という、全般的な空気の反映であった。

そしてこうした空気は、一八九四年の「ドレフュス事件」後の混乱によって低下したフランス国民及び陸軍の士気を向上させるため大きな役割を演じた。「ドレフュス事件」とは、フランス陸軍参謀本部のユダヤ系フランス人将校が軍の機密を漏洩したとして断罪された冤罪事件であったが、その後のフランスは、この事件の評価をめぐって分裂状態に陥っていた。

フランス軍は一九一一年、それまでの慎重な対攻勢的な戦い方から、無謀とも思える正面攻撃へと移行した。この正面からの攻撃は「無制限な攻勢（offensive à outrance）」と表現されるが、この戦い方を採用した背景には同国の特殊な政軍関係が強く作用していた。

前述のスナイダーによれば、この政軍関係とは次のようなものであった。フランス軍将校団は常に、第三共和政による兵役年数の短縮政策に対し警戒感を抱いていた。なぜなら、一般的に兵役期間の短縮は、軍という組織の専門的性質及び伝統を脅かすと考えられたからである。攻勢主義を強調することは、実のところこの政策を阻止するための一つの手段と考えられた。予備役と短期の徴兵を基礎とする軍が防勢に適することは、多くの専門家が認めていた。

「ドレフュス事件」と「青年トルコ党」の台頭

そして「ドレフュス事件」とその後の一連の急進的な軍事改革を受け、フランス軍将校団は自らの組織の存在意義を正当化でき、組織の自律性を確保するための自己保全イデオロギーを必要とした。「無制限な攻勢」もしくは「攻勢主義への妄信」という極端な戦い方は、まさにこの役割を果たしたのである。

具体的にこれは、防勢の重要性を低下させ、一九一一年のアガディール危機まで文民の主導下で軍を統制する政治化した「共和派」軍人の、予備役を中心とする作戦計画を阻止するために役立った。ジョッフルと彼を支持する「青年トルコ党」（その代表がグランメゾン及びフレデリク・カルマン）は、攻勢主義という思想を徴兵期間の延長を正当化するため、そして、高度に専門化された軍の価値を強調するため重視した。実際、多くの軍人はフランス陸軍があたかも「義勇軍（ミリシア）」へと化しているとの危機感を共有していた。

「ドレフュス事件」後の緊張した政軍関係の下、さらに一九〇五年にフランスの兵役期間が二年に短縮されたことを受け、グランメゾンを中心とする「青年トルコ党」は、かつてジルベールが唱えた組織保全のためのイデオロギーを再び極端な形で強調し始めた。

当然ながら、彼らが唱えた事項は、第一次世界大戦後に「第一七号計画」の欠陥として批判されたものとほぼ一致する。すなわち、①「無制限な攻勢」の強調、②長期にわたる兵役によって確立できるとされた「団結力」に対する不可思議なまでの信奉、③予備役の軽視、④情報見積りから導き出された受動的あるいは状況反応的な作戦計画に対する反発、である。

最終的に、職業軍人の価値を強調する「青年トルコ党」は、「共和派」の代表とされるヴィクトル・コンスタント・ミシェルの革新的な作戦計画を潰し、彼を失脚させることになる。

「時代精神」――「エラン・ヴィタール」、社会ダーウィニズム、民族主義（ナショナリズム）

振り返ってみれば、一九世紀は「ヨーロッパの世紀」と言って過言でないほど、歴史上初めてヨーロッパが様々な領域で主導権を取って世界を導いた時代であった。福井憲彦の著『世紀末とベル・エポックの文化』によれば、時代のキーワードは産業化、都市化、国民化、文明と進歩であった。

だが同時に、このような発展に対する強い疑念も存在した。例えば、フランスの哲学者アンリ・ベルクソン（一八五九～一九四一年）は「創造的進化」という概念を唱え、客観的知識など存在しないと主張した。唯一の真実は「エラン・ヴィタール」、生の飛躍あるいは生命力である、と。

福井によれば、ベルクソンの一九〇七年の著『創造的進化』で示されたように、生命が常に物質と闘いつつ新たな形を生む過程を重視し「エラン・ヴィタール（生の飛躍）」としての直観を重んじる彼の視点は、工業化の進展に対応した機械論的な合理性及び効率性の台頭に不安や疑問を持った人々に強く共感できるものであった。

思えば、第一次世界大戦前の時期が戦争を破壊という観点からだけでなく、社会ダーウィニズムに基づく社会学的必要性、さらには陶酔として、積極的かつ喜びをもって議論された最後の時代であった事実を想起すべきである。

チャールズ・ダーウィンの「自然淘汰説」は広く知られるが、この説は彼が予想し得なかった考え方に発展した。それは、人間社会においても生存競争に基づく適者生存が機能しているとして、同時代の社会における支配的体制を正当化しようとする社会進化論、社会ダーウィニズムの登場である。

当時は当然のように受け入れられた民族主義（ナショナリズム）の果たした役割も大きい。

一九世紀ヨーロッパにおける民族主義は、世紀の半ばまでは自由主義（リベラリズム）の主張と結合する形で登場した。だが世紀末に至って国際政治経済の主導権争いがその緊張を強めるのに応じ、極めて強い排外主義的傾向や人種差別的色彩を帯びたものを内包し始めた。福井の『世紀末とベル・エポックの文化』によれば、こうした情勢の中で社会進化論や優生学が極めて強力な政治性を帯びた存在となった。

実際、社会が益々世俗化するにつれて、国民という概念はその軍事的外装や伝統に加え、擬似宗教的な役割を果たしたのである。

イギリスの歴史家マイケル・ハワードによれば、戦争での犠牲の甘受という試練に対し自らの運命を委ねる決意のない国民は、生存競争という冷徹な現実で慈悲を期待することなどできなかった。

三 「無制限の攻勢」へ

フランス陸軍と歩兵操典の変遷

強力な指導力(リーダーシップ)とナポレオン時代にまでさかのぼる攻撃のための密集隊形という伝統を誇るフランス陸軍は、とりわけ新たな火力の論理を受け入れることに躊躇(ちゅうちょ)していた。

普仏戦争を経た一八七〇年以降の一〇年間においては、フランス軍は戦術的な散開隊形を部隊に徹底するよう努めたが、これが成功することはなかった。逆に、一八八四年までには再度、同国軍の歩兵操典は「決定的攻撃の原則、頭を高く上げ、犠牲をいとわない」と記していた。

さらに一八九四年のフランス陸軍歩兵操典は、攻撃部隊は兵士の肘と肘がぶつかるような間隔で前進すべきで、遮蔽物を有効に活用する目的であっても隊形を崩してはならず、ラッパと太鼓(ドラム)の音に合わせて一斉に攻撃すべき、と規定した。

密集隊形と散開隊形の相克については、南アフリカ戦争（一八九九〜一九〇二年）の「教訓」が決定的な役割を果たした。フランス軍は一九〇四年に歩兵操典を改定、一八九四年版の密集隊形を放棄し、互いに火力によって防護された小規模な部隊による前進を規定した。だが、この戦い方がフランス軍に定着するのは実に第二次世界大戦になってからであった。事実、第一次世界大戦でのフランス軍からはその兆候は全く見受けられない。

しかし、同時に注目すべき点は、攻勢重視の思想にも一定の根拠が存在していた事実である。当時、貴族出身者を中心とするフランス軍将校団は一般社会から徴兵された兵士の資質及び能力に懐疑的であり、仮に兵士を散開させ自由に行動することを許せば、彼らは脱走するのではないか、あるいは地面に伏せてしまい再び立ち上がろうとしないのではないか、という疑念が存在した。

確かに、攻勢以外にいかにして徴兵制度で集められた兵士を塹壕線（ざんごうライン）を越えて前進させることができたであろうか。思えば、ド・ピクが兵士の「団結力」を過度なまでに強調した理由は、戦場でのこの一般兵士の恐怖心をいかにして取り除くかを考えた結果であった。

アルダン・ド・ピクと「団結力」

フランス軍人アルダン・ド・ピクは一八二一年に生まれ、クリミア戦争、中東及びアフリカでの戦い、そして普仏戦争に参加し戦死した。当時、歩兵銃の性能が著しく向上した事実が歩兵の戦い方にいかなる変化をもたらすかについて専門家の間で活発な議論が展開されたが、ド・ピクもそれに加わった一人であった。

ド・ピクの『戦闘の研究』（一八七〇年までに執筆。一八八〇年に刊行され、彼の死後一九〇二年に別の論考と合わせ『現代の戦闘』として再刊）は多くのフランス軍人に読まれることになるが、同書で彼はそれまで同国で大きな影響を及ぼしていたジョミニの戦争観に異議を唱えると共に、戦いと兵士の恐怖心（パニック）をめぐる問題に正面から取り組んだ。

彼は、「心というものが戦争をめぐるあらゆる事柄の出発点」（モーリス・ド・サクス［フランス軍人］）という戦争観を継承、戦争は二つの意志、二つの精神力の衝突であり、さらに士気（モラール）をめぐる争いで、前進を続け士気の高い側が勝利し、逆に、精神的な「団結力」が崩れた側が敗北すると唱えた。また、彼は戦いをめぐる問題の出発点は人々の恐怖心であり、軍隊内の規律、つまり軍紀がこの恐怖心を克服するとした。

人々の心はまさに戦争の根本であり、戦いと危険という緊張の下で人々は恐怖心に支配され、戦争では質が量（数）に優越する。人々は本能的に自己保全へと走る。恐怖心があるからである。

ド・ピクは、人々は必ずしも勝利を目的として戦う訳でなく、自己保全の本能に支配されている。人々は戦いを避け、かつ勝利を得るためにはあらゆることを行うと、指摘した。だからこそ、こうした人々に団結力を植え込むことによって初めて戦いが可能となる。そのためには、規律と戦い方（戦術）が必要である、と。

ド・ピクはソルフェリーノの戦い（第二次イタリア独立戦争時の一八五九年）でのフランス軍の銃剣（バヨネット）を用いた白兵主義を理想とし、また、一七世紀イギリス清教徒革命でのオリバー・クロムウェルの軍隊――鉄騎隊――を理想とした。さらに時代をさかのぼり、古代ローマの力の源泉は鉄の軍紀と団結力であるとした。確かに、ローマ軍の「一〇分の一処刑」の過酷さは広く知られる。彼は、

アルダン・ド・ピク（1821～70）。フランス軍人。戦略思想家。死後刊行された『現代の戦闘』は第一次世界大戦下のフランス軍の間で大きな話題を呼んだ。

ローマ軍の士気の高さ、強い規律、優れた戦い方の結果、数的に優勢なガリア人やゲルマン人に代表される「蛮族」に勝利できたとした。

彼は高い規律と優れた戦い方の事例としてとりわけ古代ローマに注目したが、興味深いことに、軍事組織や戦い方の刷新を唱える思想家は、常に共和政ローマに立ち戻り、それを模範もしくは理想型とする。本書の「序章」で触れたニコロ・マキャヴェリはその代表的な人物である。

次に、徴兵制度に対する強い反発も、ド・ピクの思想の特徴の一つである。

その結果、彼は訓練及び教育の重要性、精神的に一体となった職業軍の必要性を唱え、従来の特権的かつ専門的なフランス軍を「民主化」することに強く反対した。彼によれば、「民主的社会は軍隊精神と相容れない」のである。

ド・ピクは、火力の向上に伴って歩兵が散開を余儀なくされる一方、こうした状況で軍が戦うためにも強い精神力が必須であると考え、それには、十分に訓練を受けた職業軍が適切であると唱えた。逆に、徴兵制度による軍は厳しい試練に耐えられないため無意味であると断定した。専門的な軍を構築するためには、少なくとも三〜四年は必要とされたからである。

彼が高度に訓練された軍人による職業軍の構築にこだわったのは以上の理由からであるが、皮肉なことに国民軍誕生の契機となったのは母国フランスでの革命であり、その意味で彼は時代に逆行していた。

ド・ピクの戦略思想の精神主義という側面だけが強調されるが、実は彼は機動の優位性を唱えており、例えばグランメゾンの硬直した議論——教義(ドグマ)——とは一線を画するものであった。早くからフランス軍の「赤いズボン(パンタロン・ルージュ)」に反対した彼の合理性重視の思想もそうである。

また、彼の「証明するために良く観察せよ。表現するために良く記録せよ。組織するために団結心こそが軍規であると肝に銘じ良く編成せよ」との合理的な思考に、フォッシュも強く同意した。

結局のところ、ド・ピクは当初フランス軍人に殆ど注目されていなかったにもかかわらず、「攻勢主義への妄信」の必要性が彼への関心を高めた。「発見」されたのである。その意味では、軍事戦略思想を一連の「系譜」として捉えることには注意を要する。

何れにせよ、フランス軍のいわゆる「攻勢主義派」は、ド・ピクの「前進する決意のある者が勝利する」との言葉を都合よく援用した。

普仏戦争での敗北、さらにその前の普墺戦争におけるケーニヒグレーツの戦い（サドワの戦い：一八六六年）でのオーストリア軍の敗北が、フランス軍内の新たな思想の潮流「新ナポレオン学派」を生み出したとも言える。彼らは、プロイセン（ドイツ）軍の勝利の原因を探究した結果クラウゼヴィッツへと行き着き、そのクラウゼヴィッツが母国の英雄ナポレオンの戦い方を高く評価していた事実に自らの傷付いた名誉(プライド)を癒したのである。

「ナポレオン・ルネサンス」

フォッシュは『戦争の原則』で、ゴルツに繰り返し言及している。確認するが、「新ナポレオン学派」は、ゴルツの著作を通じ「ドイツ統一戦争」でのプロイセン(ドイツ)の勝利の秘密を探ろうとし、その結果、戦争の唯一の目的は敵の撃滅であり、攻勢はその最も優れた手段であるとする、さらには、戦争の原理及び原則とは敵の主力を撃滅することだけであり、それ以外の考えは全て不要とのゴルツが自らの一連の著作で唱えた極端な言説――さらに彼の歪曲されたクラウゼヴィッツ解釈――に到達した。

さらに興味深いことに、「新ナポレオン学派」がクラウゼヴィッツを「発見」したのも実はゴルツの著作を通じてであり、その結果、クラウゼヴィッツは「ナポレオン流の戦争方法」とその勝利の秘密を理解した上で『戦争論』を執筆、その後、同書で示された戦争の原理及び原則を忠実に実施したのがヘルムート・フォン・モルトケ(大モルトケ)に代表されるプロイセン(ドイツ)軍人であるとのやや単純な認識に至った。

この思考は、フランス革命戦争及びその後のナポレオン戦争でのナポレオンの功績を、革命のエネルギーを軍事目的に有効活用した事実に求めるのでなく、戦争の科学的原理を見抜き、それを自らの戦争に応用した点に求めたジョミニの論述と同様である。何れにせよ、こうして「ナポレオン・ルネサンス」が始まった。

そうしてみると、フランスの戦略思想に対するド・ピクの真の貢献は、ドイツの戦略思想、とりわけクラウゼヴィッツの戦争観をフランスのものに取り込んだ点にある。

事実、フォッシュは陸軍大学校の学生時代、クラウゼヴィッツに関する講義を聞き強く刺激を受けたとされる。そしてフォッシュは、間違いなく第一次世界大戦前のフランス軍内の思想教育に最も影響を及ぼした人物である。

フォッシュと『戦争の原則』

フォッシュは『戦争の原則』の第一章で、戦争は戦場でのみ教えられるとの従来の考え方に反対し、戦場では自らが学んだ事柄を「応用」できるだけであるとした。そして、軍の教育機関での歴史を基礎とした戦争理論の教育が軍人には必要であると唱えた。彼はここで、歴史の重要性を強調したが、ジョミニと同様、やはり彼の歴史の理解は表層的なものに留まった。事実、リデルハートは第一次世界大戦でフォッシュが用いた戦略の欠点は、彼の歴史の知識が断片的であった結果であると指摘した。

またフォッシュは同書で、戦争の様相が一般国民を巻き込んだものになりつつあると正しく時代状況を認識していた反面、その内容は狭義の軍事の領域に限定されている。彼は戦争の経済的側面に関心を示しておらず、海上での戦いにも触れていない。「戦闘なきところに勝利なし」との精神主義的な言説も多く見受けられるが、「戦闘」や「決定的な攻勢」の強調は明らかにクラウゼヴィッツの戦争観の影響である。

同時に、機械の原則が木造・石造・鉄製・強化コンクリートという材料の如何(いかん)にかかわらず建築を支配するのと同様、また、いかなる種類の音楽も調和(ハーモニー)の原則が不変であるのと同様、技術が変化しても戦争の基本的原則の有用性は普遍であると、前述とやや矛盾する言葉も述べていた。「今日の戦争は過去の戦争の原則に基づいて遂行されている」とのフォッシュの言説は、ジョミニを彷彿とさせる。

また、『戦争の原則』で示されたフォッシュの戦略思想の最大の特徴は、「勝利とは意志を意味する」、「得られた勝利とは、敗北したと認めない戦いのことである」、「人々は精神面で負ける。戦争に勝つのも精神的なものである」といった言説である。

ド・ピクと同様にフォッシュは、戦争の精神的な要素の重要性を過度に強調した。但し、フォッシュは自らの著作でド・ピクに全く言及していない。また、敗戦とは「負けたと信じた戦いである。戦いは物質的には負けられないから」との有名な言葉も、実はフォッシュの独創ではない。

ともあれ、こうしたフォッシュの影響は、一九一三年に策定されたフランス軍の作戦計画「第一七号計画」にも明確に表れている。グランメゾンはフォッシュの教え子であり、彼がジョッフルの指導下で立案したのがこの「第一七号計画」であった。

フォッシュは第一次世界大戦前の戦場での火力の増大を十分に認識していた一方、これが防勢ではなく、攻勢に有利に働くと考えた。加えて、攻勢側の精神力の優位性も強調した。彼は普仏戦争の敗北の原因をフランス軍の受動性、防勢主義に求めた。

事実、彼は「勝利の栄冠は敵の銃剣の上に懸かっており、必要であれば一対一の格闘でそれを敵から奪うべきである。（中略）最後は逃げるか突撃するかである。多数で一団となって突撃することで保全が得られる」と記している。

併せて、戦いの結果はひとえに軍司令官に懸かっていると、戦争指導の重要性にも繰り返し言及している。

他方、フォッシュは『戦争の原則』で「ナポレオン流の戦争方法」と「モルトケ流の戦争方法」を比較し、ドイツ軍に特有の自由裁量の付与（いわゆる「独断専行」）に対し否定的な見解を示している。また、ナポレオンの柔軟な戦争指導を高く評価し、必ずしも原理及び原則にこだわっていない点も特筆に値しよう。

彼は同著で、恒久的価値を有する原則の存在を唱える一方、これらが状況に適応する形で修正されるとも述べている。「戦争においては特殊でないものは存在しない。あらゆる事柄は個別の特性を備えており、繰り返されることはない」。つまり、彼は不変の原則と常に変化する戦争の様相の調和を唱えたのである。その意味でフォッシュの軍事戦略思想は、知的要素及び合理主義と、精神的要素及び意志の力の結合であると結論できる。

だが、以下で示すように、フォッシュの『戦争の原則』に対するジョミニの影響は疑いようのない事実である。「戦争術は他のあらゆる術と同様、理論及び原則を有し、単なる術ではない」。

原理及び原則の重要性

フォッシュは『戦争の原則』で「兵力節約」、「行動の自由」、「兵力の自由な運用」、「保全」の四つの原則を挙げ、これらがナポレオン戦争の考察から得られたと記している。

その中でもフォッシュの「兵力節約」とは、兵力の集中を別の言葉に言い換えたもので、「保全」とは、戦争という予測不可能な状況――「戦場の霧」――の中ではあらゆる事態に備えるべきとの意味であり、これが、軍の「前衛部隊」及び「後衛部隊」の重要性を強調する彼独特の言説に繋がる。

彼が同書で明示した原則は四つだけであるが、実はそれ以外にも、原則と認識可能な様々な概念が示されている。例えばそれらは、知的規律、戦略的奇襲、決定的な攻撃などである。

第一次世界大戦と連合国軍最高司令官

第一次世界大戦末期、一九一八年七月にフォッシュは、連合国軍最高司令官としてヨーロッパ西部戦線の全ての場において攻勢を命令、一度に大規模な勝利を企図するのでなく、自軍の補給状況に鑑みながら小規模な勝利を積み重ねるとの戦い方を用いた。これはまさに総力戦時代に相応しい戦い方、さらには、圧倒的な物量を誇る側――連合国軍――だけに許された戦い方であった。

以後、フォッシュの戦い方は主導権を維持し予備兵力を増強する一方、敵に休む暇を与えないとの単純なものに徹した。連合国軍によるこうした攻勢は、各地での一連の迅速な「打撃」となった。最初の衝撃が衰えれば直ちに中止され、それぞれの打撃は次の打撃への道を開くために実施、さらには、それぞれの打撃は相互に呼応し、時間及び空間的に極めて接近する形で行われた。これは、フォッシュが原理及び原則にこだわることなく、柔軟性を発揮した一つの事例である。

連合国軍のこうした戦い方を、彼は「オウムの行進」に喩(たと)えた。オウムが籠の棒を登るのにくちばしと爪を交互に使い、一歩ずつ確実に握りしめながら次の段階に入る姿と似ていたからである。

一一月の休戦後、ドイツに対する強硬論を唱えていたフォッシュは、一九一九年のヴェルサイユ条約の締結を受けて失望、これを「二〇年間の休戦」に過ぎないと評価したが、皮肉にも二〇年後の一九三九年、第二次世界大戦が勃発、フランスは驚くほど早期に敗北した。結果だけを見れば、彼の先見の明を証明することになった。

おわりに——フォッシュとその遺産（レガシー）

広く知られるように、フォッシュは「結局のところ何が問題なのか（De quoi s'agit-il?）」との問いを発し続けた。これは、彼が何かを機械的に実施するのではなく、思索し、適応することの重要性を認識していた証左である。

フォッシュが明確に示した四つの原則の幾つかは、その後、少しずつ言葉やその内容を変えながらフランス軍の教義（ドクトリン）として採用された。一九七三年には「兵力節約」及び「行動の自由」の二つが取り入れられたという。

また、フォッシュの名前を冠した町や通りは今日でもヨーロッパ各地に点在し、フランス海軍の重巡洋艦や航空母艦（空母）につけられた歴史もある。これは、第一次世界大戦での彼に対する高い評価を物語るものである。イギリスのロンドン、ヴィクトリア駅の近くにフォッシュの銅像が立っている。ここは「フランス領」であるが、筆者はロンドンでの在外研究期間、ほぼ毎日通勤バスからこの銅像を眺めていた。イギリスでも大戦でのフォッシュの貢献が高く評価されているからである。

最後に、フォッシュの『戦争の原則』にはクラウゼヴィッツの『戦争論』と同様、既に時代遅れの内容が認められる一方、これが刊行された時期（一九〇三年）と第一次世界大戦が勃発した一九一四年までの約一〇年の間に、戦争の様相が大きく変化していた事実は重要である。もちろん、大戦を通じ戦争の姿は、フォッシュはもとより、同時代のいかなる軍人も想像すらできなかったものへと変化した。

その意味では、『戦争の原則』の内容の一部が陳腐化した事実を批判してもあまり意味がなく、同書で示された原則が今日に至るまでその有用性を失っていない点に注目する方が、戦争及び戦略とは何かを理解するためには重要である。

本章の参考文献

B・H・リデルハート著、石塚栄、山田積昭訳『ナポレオンの亡霊――戦略の誤用が歴史に与えた影響』原書房、一九八〇年
福井憲彦著『世紀末とベル・エポックの文化』山川出版社、一九九九年
ステファン・T・ポッソニー、エチエンヌ・マントウ「フランス流兵学」エドワード・ミード・アール編著、山田積昭、石塚栄、伊藤博邦訳『新戦略の創始者――マキアヴェリからヒトラーまで』原書房、上巻、二〇一一年
マイケル・ハワード「火器に逆らう男たち――一九一四年の攻勢ドクトリン」ピーター・パレット編、防衛大学校「戦争・戦略の変遷」研究会訳『現代戦略思想の系譜――マキャヴェリから核時代まで』ダイヤモンド社、一九八九年

Marshal Foch, translated by Hilaire Belloc, *The Principles of War* (London: Chapman & Hall, 1918)

B. H. Liddell Hart, Foch: *Man of Orleans*, 2 vols. (Whitefish, MT: Kessinger Publishing, 2008)

B. H. Liddell Hart, *Through the Fog of War* (New York: Random House, 1938)

Michael S. Neiberg, *Foch: Supreme Allied Commander in the Great War* (Washington, D.C.: Brassey's, 2003)

Clara E. Laughlin, *Foch the Man: A Life of the Supreme Commander of the Allied Armies* (London: Forgotten Books, 2012)

Elizabeth Greenhalgh, *Foch in Command: The Forging a Frist World War General* (Cambridge: Cambridge University Press, 2011)

Azar Gat, *A History of Military Thought: From the Enlightenment to the Cold War* (Oxford: Oxford University Press, 2001)

Jack Snyder, *The Ideology of the Offensive: Military Decision Making and the Disasters of 1914* (Ithaca, NewYork: Cornell University Press, 1984)

Stephen Van Evera, "The Cult of the Offensive and the Origins of the First World War,"; Scott D. Sagan, "1914 Revisited: Allies, Offense, and Instability,"; Jonathan Shimshoni, "Technology, Military Advantage, and World War I: A Case for Military Entrepreneurship,"; Michael Howard, "Men Against Fire: Expectations of War in 1914," in Steven E. Miller, Sean M. Lynn-Jones, Stephen Van Evera, eds., *Military Strategy and the Origins of the First World War* (Princeton: Princeton University Press, 1991)

Michael Howard, "Men against Fire: The Doctrine of the Offensive in 1914," Michael Howard, "Europe on the Eve of the First World War," in Michael Howard, *The Lessons of History* (Oxford: Clarendon Press, 1991)

Michael Howard, "The Influence of Clausewitz," in Carl von Clausewitz, edited and translated by Michael Howard and Peter Paret, *On War* (Princeton: Princeton University Press, 1976)

Antulio J. Echevarria II, "The 'Cult of the Offensive' Revisited: Confronting Technological Change before the Great War," *The Journal of Strategic Studies*, vol. 25, no. 1 (March 2002)

Dallas Irvine, "The French Discovery of Clausewitz and Napoleon," *Journal of the American Military Institute*, 4 (1942)

Douglas Porch, "Clausewitz and the French 1871–1914," in Michael Handel, ed., *Clausewitz and Modern Strategy* (London: Routledge, 1996)

Douglas Porch, "The French Army in the First World War," in Allan Millet, Williamson Murray, eds., *Military Effectiveness*, vol. 1 (London: Unwin Hyman, 1988)

Michael Howard, *The First World War* (Oxford: Oxford University Press, 2002)（マイケル・ハワード著、馬場優訳『第一次世界大戦』法政大学出版局、二〇一四年）

第四章　エーリヒ・ルーデンドルフ

——総力戦思想の提唱者

はじめに

ドイツの軍人エーリヒ・ルーデンドルフ（一八六五〜一九三七年）の思想と行動にはいまだに謎めいたところがある。だからこそ、ルーデンドルフは今日でも歴史家の関心を引き付けるのであろうが、おそらく第一次世界大戦での彼の戦争指導の印象があまりにも強いため、その後、彼の実像がやや歪められて伝わっているのではというのが本章の問題意識である。

そこで、ルーデンドルフの唱えた概念、「総力戦」、「戦争指導」、「総力政治」の意味するところを考えることによって、ルーデンドルフの等身大の人物像を描くと共に、彼の戦争観もしくは思想――それが思想の名に値するとして――を再評価してみよう。

一　ルーデンドルフの戦争観

ルーデンドルフとその時代

ルーデンドルフは、プロイセンのポーゼンに生まれた。彼は商家の出身——ブルジョワジー——であり、貴族ではなかった。その意味で彼は、自らの努力で出世したいわば「メリトクラット」であった。

彼は一八八二年、一七歳で軍人としての道を歩み始めた。一九〇四年からはドイツ陸軍参謀本部で勤務し、一九〇八年には参謀本部第二課長（編制及び動員）として大戦前の「シュリーフェン計画」の策定及び修正作業に取り掛かったが、彼はこの計画の生みの親であるアルフレート・フォン・シュリーフェン、そして第一次世界大戦勃発時の陸軍参謀総長ヘルムート・フォン・モルトケ（小モルトケ）の信頼が非常に厚かった。

エーリヒ・ルーデンドルフ（1865〜1937）。ドイツの軍人。ヒンデンブルクのもと第一次世界大戦で活躍。1925年には大統領選に出馬したが敗北。主な著書に『総力戦』。

この時期のルーデンドルフは、仮想敵であるフランスを迅速な戦いで決定的に敗北させるには兵力がかなり不足している事実を踏まえ、独断専行とも言えるやり方で兵力増強に必要な予算の確保に尽力した。だが、結果的にこれが自らの上官を含めた多数の敵を作ることになり、大戦勃発時にはいわば部隊に左遷された状況にあった。

1917年頃のパウル・フォン・ヒンデンブルクとルーデンドルフ（右）。２人はタンネンベルクの戦いやマズール湖の戦いなどで共に戦って勝利し、その後、実質的にドイツの戦争指導を指揮する立場となった。

しかし、この大戦の緒戦のリエージュ要塞攻撃でルーデンドルフがその軍人としての優れた能力を示すと、直ちに彼は第一次世界大戦の英雄として扱われるようになった。また、その直後の東部戦線でパウル・フォン・ヒンデンブルクと共にタンネンベルクの戦いやマズール湖の戦いで勝利すると、軍事の天才としての彼の名声は確固としたものになった。

ルーデンドルフと第一次世界大戦

一九一六年八月末、エーリヒ・フォン・ファルケンハインの失脚を受けてルーデンドルフ——参謀次長さらには第一兵站総監に就任——は、ヒンデンブルクと共に実質的にドイツの戦争指導を担当することになるが、彼はこの大戦を通じて軍事テクノクラートとしての能力を遺憾なく発揮した。

だが同時に、彼にとってこの大戦の状況、とりわけヨーロッパ西部戦線における塹壕を挟んでの膠着（こうちゃく）状態は、国家としてのドイツ全般、そして同国の戦争指導者の意思の欠如の結果と映った。

彼が後年、自らの著作で「総力戦」、「戦争指導」、「総力政治」という概念を唱える中で意思の力を過度なまでに強調したのは、この時期の自らの経験から来ている。

だが歴史家ハンス・シュパイアーがその論考で鋭く指摘したように、戦間期のドイツでルーデンドルフの著作が広く読まれたのは、必ずしもその質の高さのためではなく、第一次世界大戦の英雄という彼の名声のためであった。

一般に総力戦理論と呼ばれる彼の戦争観もしくは思想は、当時の軍事の領域での発展に対する精緻な分析に基づくものではなく、また、政治、経済、科学技術、国民精神に代表される社会的要素と戦争の相互関係を深く考察した結果として導き出されたものでもない。

端的に言えば、彼の総力戦理論とは自らが理想化したフリードリヒ大王（一七一二～八六年）の戦争指導に回帰すべきと述べているに過ぎない。

総力政治

何れにせよルーデンドルフは、自らが頭に描く総力戦を効率的に遂行する目的で、政治的な要素を全く無視した軍事独裁を考え、この軍事独裁——「総力政治（Totale Politik）」——によってドイツ国民を統制しようとした。

ここでルーデンドルフは、総力政治という新たな概念を唱えたが、この言葉は、戦争が他の手段をもってする外的な政治——外交——であるとの認識、さらには、戦争が力という理念の奉仕の下では外的な政治の最も極端な手段であり続けるとの自らの確信を前提としている。その結果、彼は戦争を国家に必要なことを達成するための究極的な知恵として捉えた。そしてこうした文脈の中で、彼の言う「戦争指導」という概念の重要性が強調された。

第一次世界大戦でのドイツの敗北を目前に一時的にスウェーデンに逃亡したルーデンドルフは、その直後からこの大戦の回想録をはじめとする多数の著作を書き始めたが、その殆どは自らの戦争指導の弁明あるいは責任回避に終始していると批判されても仕方のない内容である。

こうした著作の中で、彼がいわゆる「匕首伝説」を創り上げた事実、そして、ユダヤ人や社会主義者に代表されるドイツ国内の「敵」を厳しく批判した事実は、周知の通りである。

「匕首伝説」あるいは「背後からの一突き伝説」

第一次世界大戦の最終段階、すなわち一九一八年九月頃まではルーデンドルフは、戦局悪化の原因を銃後に押し付け、銃後の戦争協力が十分でなかったと批判し始めている。もちろんこれは、軍とその指導者、すなわちルーデンドルフ自身には責任がないとする自己正当性の主張であった。

一九一八年一〇月、彼は参謀次長を罷免され、国外に亡命したが、そこで彼は古代カルタゴのハンニバル・バルカの運命を自らのそれと重ね合わせ、目的の達成を目前にして母国から裏切られた「悲劇の人物」と考えるようになった。

亡命期間中に彼は、第一次世界大戦の回想録の草稿を書き終え、一九一九年夏には『第一次世界大戦回想録』を刊行したが、そこでは戦いの成功を自らの功績とし、失敗を他人に押し付けるという態度で一貫している。

この回想録には、「非国民」という言葉が多々出てくるが、ルーデンドルフにとって「非国民」とは、戦争で財産を得た者、共産主義者（ボルシェヴィキ）、社会民主主義者、などであった。「匕首伝説」もしくは「背後からの一突き（Dolchstoß von hinten）伝説」の誕生である。

この回想録より後年に刊行されたルーデンドルフの著作にも、「ユダヤ人」という言葉やそれとほぼ同義であるとする「フリーメーソン」といった言葉が頻繁に出てくるようになり、ドイツ及びドイツ国民の破滅を招いた「超国家権力」への批判で溢れているが、これはある種の「陰謀論」と言えよう。

宗教への傾倒

一九二〇年にドイツに帰国したルーデンドルフは、その後の一時期は政治に強い関心を示し、同年の「カップ一揆」、二三年にはアドルフ・ヒトラーが引き起こした「ミュンヘン一揆」に参加した。その翌年にはドイツ議会にナチス党の代表として選出され、二八年までこの議席に留まった。

その間、一九二五年には大戦の英雄としての国民的人気を背景にドイツ大統領選挙に出馬するが、同じくこの大戦の英雄ヒンデンブルクに大差で敗れた。二八年に政治の世界から身を引いた彼は、その後、ある種の宗教に傾倒すると共に一般社会との関係を断ち始め、軍人やナチス党員との繋がりも希薄になる。

一九三五年に七〇歳で主著『総力戦』を出版した後、三七年に死去したルーデンドルフは、ヒトラー政権下で国葬に付されたが、晩年の彼は精神的な問題を抱えていたようである。軍事的有用性を徹底的に追求しようと試みた合理主義者である彼が晩年、宗教、さらには神秘的なものへと傾倒していく姿は、イギリスの軍人J・F・C・フラーや日本の石原完爾とどこか通じるところがある。

二　総力戦を考える

総力戦とは何か

ここでは、「総力戦」という言葉の定義について整理しておこう。

ルーデンドルフは『総力戦』で、第一次世界大戦を契機として戦争が政府と軍人だけでなく、一般国民をも巻き込んだ形で展開された事実に注目し、こうした戦争の新たな様相を総力戦と定義した。この彼の状況認識は、時代的には約一世紀の隔たりがあるとは言え、フランス革命とその後の革命戦争及びナポレオン戦争に注目し戦争の「三位一体」を指摘したプロイセン（ドイツ）の戦略思想家カール・フォン・クラウゼヴィッツと同様である。

確かに、軍事の次元での事象に限定してもこの大戦では、経済（海上）封鎖や戦略爆撃といった方策が大規模かつ頻繁に用いられ始め、また、ある程度その有用性が実証された。そして、この時期の戦争と社会の関連性に注目すれば、クラウゼヴィッツがいち早く認識していたように、戦争に「国民」という要素が深く入り込んできた結果、その本来の激烈な姿に回帰しつつあった。

『総力戦』は戦間期のドイツ国民に広く読まれたが、実はその内容の多くは不明確であり、また、自らも認めたように同書は戦争の理論について書かれたものではない。事実、その内容は合理的とも論理的とも言えない。だが、この大戦での彼の名声に加え、おそらく戦後のドイツ国民の行き場のない怒りを同書が代弁していたためであろう。『総力戦』は直ちにベストセラーになった。

総力戦を構成する要素

こうして総力戦という言葉はルーデンドルフの著書の出版と共に定着する。その意味するところは、実質的には戦闘員と非戦闘員の区別を無視して遂行される戦争であり、そこでは、軍事力はもとより交戦諸国の経済的、技術的、さらには道徳的な潜在能力が全面的に動員される。そして、国民生活のあらゆる領域が戦争遂行のために組織され、あらゆる国民が何らかの形で戦争に関与することになる。したがって、敵に対する打撃とは単にその軍事力だけに留まらず、「銃後」――この言葉も総力戦の特質を見事に表現している――の軍需生産はもとより食糧ならびに工業生産全般の破壊、およそ国民の日常生活の麻痺にまで向けられる（ハンス・シュパイアー）。

さらには自国民の士気の高揚、逆に敵国民の戦争への意欲を削ぐための宣伝(プロパガンダ)、すなわち、戦争の心理的側面も極めて重要な意味を持つようになる。ルーデンドルフが戦争の心理的側面、とりわけ宣伝の有用性に早くから気付いていた事実はよく知られているが、端的に言えば、総力戦の時代においては戦争の勝敗はもはや戦場で決定されるのではなく、国家の技術力や生産力の有無によって決定される。トマス・エディソンが的確に述べたように、「二〇世紀においては相手を戦場で撃破するものではなく、相手の生産量を大きく上回るものこそが勝利する」。

一九一四年に第一次世界大戦が勃発した時、文民・軍人を問わず多くの指導者にとって「国民総武装」とは、単に兵士の数を意味したに過ぎなかった。だがその後、戦争が全面化するに伴い、経済力、さらには国家の動員能力全般が国力の大きな指標として認められるようになった。銃後の重要性が飛躍的に高まったのである。

総力戦の多義性

総力戦という概念は多義的である。例えば、それは戦争の手段と目的という側面に密接に関係している。一七八九年勃発のフランス革命以降、戦争の手段が拡大し、目的もまた拡大した。さらに総力戦は、目的や手段に加え、その規模で測ることも可能となり、その象徴的な事例が非戦闘員に対する残虐行為、最終的にはジェノサイドと呼ばれるものである。

加えて、クラウゼヴィッツとルーデンドルフが共に認識していたように、この時期から人々の熱狂が戦争の領域に注入されるようになった結果、戦争と社会の関係性がより密接なものになり、そこでは新たに主義あるいはイデオロギーの側面が強く認められるようになった。

カール・マルクスやフリードリヒ・エンゲルスが階級という視点から共産主義革命を唱えた事実、さらには、ルーデンドルフが一時期ファシズムに大きく傾倒した事実はよく知られる。その結果、戦争は国家間のものであると同時に、国内での戦いへと発展した。そしてこれら全てを総合する形で、「文化の衝突」という要素が濃くなっていく。

確かに総力戦の萌芽は、既に一九世紀の「ドイツ統一戦争」やアメリカ南北戦争、そして一九世紀末から二〇世紀初頭の南アフリカ戦争（ボーア戦争）や日露戦争でも見られたが、総力戦が誰の目にも明白になったのはやはり第一次世界大戦であり、ルーデンドルフはドイツの実質的な戦争指導者としてこの大戦に深く関与していた。

ルーデンドルフと総力戦

では次に、ルーデンドルフにとっての総力戦について考えてみよう。

彼は総力戦とは何かという根源的な問題よりも、むしろ実務者として総力戦にどう対応すべきかといった問題により多くの関心を抱いていた。その意味では、『総力戦』は同時代の戦争の様相、そして次なる戦争に対応するための彼なりの処方箋が示された書である。彼は同書の冒頭で、「私は戦争の理論を書こうとは思っていない。（中略）私はあらゆる理論を敵視している。戦争とは現実であり、結局、ある国民の生活の中での極めて重大な現実である」と記している。

実際、ハンス＝ウルリッヒ・ヴェーラーは、彼の『総力戦』は時代の象徴としての意味はあるものの、独立の精神的な品位を有するものではない、との厳しい評価を下している。総力戦について考える上でルーデンドルフは、クラウゼヴィッツと同様に、だがクラウゼヴィッツとは明らかに異なった視点から社会の変化に注目した。

彼にとって戦争での勝利の鍵が社会にあった事実は否定できない。興味深いことにルーデンドルフは、戦車、航空機、毒ガスといった新たな兵器――技術――が次なる戦争での勝利を保証するとは考えなかった。また彼は、後に電撃戦と呼ばれるような軍事戦略の発展――運用――が勝利をもたらすとも考えなかった。繰り返すが、彼は社会そのものに注目したのであり、この点については一定の評価ができる。

総力戦において国家は、敵国に対しても自国民に対しても無慈悲な要求を突き付ける。国家は動員可能な資源を全て引き出し、敵国の社会そのものを正当な攻撃対象として考える。国民は兵士になるか工場での奉仕を義務付けられ、国民の権利は制限される。経済は戦争努力に従属し、兵器は無差別かつ驚愕すべき性質のものであっても全て投入される。これが、ルーデンドルフの時代状況認識であった。

前述のシュパイアーによれば、ルーデンドルフの「総力戦理論」は五つの基本的な要素から構成されるが、以下ではその中の二つを紹介しておこう。

第一に、総力戦の準備は明白な戦闘行為が始まる以前から行う必要があるとの認識である。なぜなら、軍事的、経済的、心理的な戦いは、現代社会の平和時の政策にも大きな影響を及ぼすからである。

第二に、戦争努力を総合し、またそれを効率的に行うためには、総力戦は一人の最高指導者（Der Feldherr）、すなわち軍人（将帥）が指導すべきとのルーデンドルフの確信である。

さらに興味深いことに、彼は総力戦を包囲された城塞都市内の住民に喩えている。城塞都市を囲んだ攻撃側は防御側に対し、軍事的手段はもとよりあらゆる手段を用いてその住民を餓えさせ、降伏に追い込もうとする。それと同様に、総力戦では非戦闘員である敵国民に対しての非軍事的手段が、軍事的手段と共に用いられる。

ルーデンドルフによれば、第一次世界大戦は交戦諸国の軍隊だけで戦われたのではなく、軍隊が互いに敵の破壊及び殲滅を目指した一方で、国家あるいは国民そのものが戦争に奉仕するために総動員され、戦争は敵の国家そのものへと向けられるようになった。

その結果、戦争は他の手段をもってする政治の継続ではなくなったとルーデンドルフは考えるに至った。戦争はクラウゼヴィッツの言う「絶対戦争」へと向かいつつあったが、第一次世界大戦に見られたようにそこにさらなる国民の熱狂が加わることによって、戦争は総力的なものに変貌していった。そのため、交戦諸国のあらゆる人々の生活と精神に直接関与するようになった。

戦争の手段が徴兵制度や新たな科学技術の導入によって総力的になるに従って、その目的も総力的なものに変貌した。すなわち、国家あるいは国民の生存が戦争の目的になった。

経済戦争

ルーデンドルフは、国民の団結性と経済の動員を過度に強調した。

事実、『総力戦』の一つの章は「国民の精神的団結性――総力戦の基礎」が取り扱われており、また経済に関する章「経済と総力戦」では、軍及びそれに資源を供給する国民が物資面で困窮することなく、軍が戦争を遂行できることを担保するために、「総力政治」は適切な財政及び経済措置を採る必要がある旨が強調されている。

第一次世界大戦直後には既に彼は、次なる戦いが経済戦争となり、大規模かつ生存を懸けた戦争となり、さらには、「全ての人々の同意に基づいた国民戦争」になるとの認識に至っていた。また、次なる戦争が「国民の全ての生存を支配し、膨大な努力と緊張が求められる戦い」になるとも予測した。そして、こうした戦争の様相こそが「真の意味での戦争であり、その目的とするところは敵の圧倒にある」とすると共に、「これに参加する国民は従来の全てのものを超越する力と目的をもってこれに従事」することになるとの認識を述べている。

クラウゼヴィッツは、フランス革命とその後の革命戦争及びナポレオン戦争を契機として登場した「国民戦争」が戦いの激烈度を高めた事実を受け、その究極的な形態を「絶対戦争」と表現したが、確かにこの時期から戦争の様相は大きく変貌を遂げることになる。

クラウゼヴィッツが生きた時代ですら既に、「国民」が不参加で「政府」とその「軍隊」だけが戦う「官房戦争」は過去のものになりつつあったが、ルーデンドルフは一八七〇～七一年の普仏戦争でこの「官房戦争」の時代が完全に終焉したと述べている。そして彼は、自らが経験した第一次世界大戦こそがクラウゼヴィッツの言う「真の意味での戦争（真の戦争）」の到来を告げる戦いであると考えた。「国民戦争」の時代の到来である。

三　ルーデンドルフの戦争と平和

「生存意思」の最高度の表現

　こうした状況認識を踏まえてルーデンドルフは、総力戦の時代にあっては政治こそが戦争の手段であると考えるに至った。彼は戦争を「国民としての生存への意思を最高度に表現するもの」と定義した上で、戦争とは国民の存在理由に他ならないと主張する。「戦争によって国民を定義することさえできる。国民とは一緒に戦争を行う人間集団のことである」。

　仮に戦争が、国民としての生存への意思を最高度に表現するものであるとすれば、当然ながら、戦争は国民にとって道徳的に最高度の義務となる。さらには、戦争は平和の構築に奉仕すべきではなく、平和が戦争の準備に奉仕すべきとなる。なぜなら、ルーデンドルフの認識では平和とはその実、次なる戦争までの単なる一時的な休戦状態、あるいは時間稼ぎに過ぎないからである。

　こうして、全ての価値ある努力は戦争に向けられ、戦争によって是認される。それ以外の努力は軽蔑されるべきである。なぜなら、戦争に有用でないからである。「人間と社会の一切の運命が正当化されるか否かは、それが戦争を準備する運命か否かで決まる」。

戦争の心理的側面

ルーデンドルフの総力戦をめぐる考察の中で最も独創的な論点は、戦争の心理的側面に関するものである。おそらく、彼がドイツ国民の意思の力や結束力をことさら強調したのは、一九一八年のドイツ革命の苦い経験と関係しているのであろう。実際、彼は『総力戦』の第二章を全てこの問題に充てている。

だが、確かにルーデンドルフは国民の結束を強調した一方で、国家社会主義による強制力によってもたらされる国民の表面的な結束については懐疑的であった。最終的に彼は、ヒトラーのナチス政権を支持することはなかった。

最高指導者（将帥）

ルーデンドルフの総力戦理論のもう一つの大きな特徴は、総力戦は絶対的な権力を有する軍人——最高指導者（将帥）——が指導すべきであるとの主張である。

総力戦に対応するためには軍事の次元での指導はもとより、外交、経済、さらには宣伝といった国家戦略の次元の指導——戦争指導——を行う必要があるからである。だが彼によれば、総力戦に文民政治指導者が入る余地はない。

『総力戦』では、総力戦における最高指導者のあるべき姿について、一つの章で考察されている。そしてアメリカの歴史家ロジャー・チケリングが鋭く指摘しているように、ルーデンドルフは自らをその的確な最高指導者として考えている。

興味深いことに、『総力戦』には、古代からドイツ第二帝政期までの歴史が簡略に記されているが、そこでは、古代ローマの将軍職が政治職である「執政官」によって一手に把握されたために国家の繁栄がもたらされたとし、政治と戦争指導の間の相互理解の重要性が強調されている。これとは対照的に、この両者の相互理解の欠如が国家の崩壊に繋がった事例として、カルタゴのハンニバル・バルカが政治家から裏切られたとの見解を示している。

ルーデンドルフによれば、総力戦の登場によって軍の「非政治性」はその意味が問い直されることになった。すなわち、君主の人格の中で軍事が政治に統合されることを前提に、軍を君主直属の機関として政治から隔離し、同時に政治の手段として位置付けるこの建前は、総力戦によって破綻したのである。軍事的戦争指導と政治的戦争指導が一人の君主の人格の中で統合されるという仕組みの終焉である。

総力戦理論の吸引力

かつてクラウゼヴィッツは、戦争の「絶対戦争」化を考察する中で社会の変化との関係に注目すると共に、戦争の政治性に気付いたが、ルーデンドルフにとっての総力戦はその実、人口統計学や科学技術の発展の結果に過ぎなかった。つまり彼は、人口が増加した事実及び破壊手段が強大化した事実が総力戦を不可避なものにした、そして、総力戦には政治的要素が全く存在せず政治を吸収してしまった、と考えたのである。

彼は第一次世界大戦での自らの経験からその総力戦理論を構築し、最終的には政治を軍事に従属させたが、彼の総力戦理論は当時、運命的な吸引力を備えていた。興味深いことに、彼の総力戦理論では非合理的とも思える要素も重要な位置を占めている。

実際、彼はユダヤ民族やローマ・カトリック教会の「帝国主義」に対する防衛戦争がドイツ国民の使命であると固く信じていた。おそらくこれは、彼の後妻の影響であると考えられるが、ルーデンドルフはキリスト教を根絶し「ドイツ本来の神への認識」なるものに回帰すべきであると述べている。そして、こうした非合理的な彼の主張が、逆説的にもドイツ国民の感情に訴えた。

ルーデンドルフの時代状況認識

以上、ルーデンドルフの総力戦理論について概観したが、確かに総力戦に対する彼の時代認識あるいは状況認識に限れば、その多くは妥当であったと言えよう。

彼は当時の戦争の特質を的確に理解していた。クラウゼヴィッツとは決定的な違いが認められるにせよ、社会そのものに注目した戦争の様相をめぐるルーデンドルフの状況認識には、鋭い洞察が認められる。

　だが問題は、彼が示したいわゆる処方箋の部分である。つまり、平和時の準備を含めた戦争努力をめぐる処方箋については、その多くは間違っていた、少なくとも極端であったと言わざるを得ない。

　周知のように、ルーデンドルフは戦争の政治性を強く意識したクラウゼヴィッツとは対照的に、実質的にはクラウゼヴィッツの戦争観を完全に倒立させた。

　彼は、自らが認めていたように「全ての理論の敵」であった。彼にとって総力戦は、不可避的に近付いてくる現実そのものであった。そしてこの現実に、ドイツ及びその国民の全ての領域を適合させることに心血を注いだ。

四　戦争指導を考える

戦争指導とは何か

　次に、ルーデンドルフが意識的に用いたもう一つの言葉、「戦争指導」について簡単に考えてみよう。

ドイツ語で一般的に戦争指導を意味する言葉として"Kriegführung"が挙げられるが、おそらく他の「歴史用語」と同様、戦争指導という言葉の定義が明確になってくるのは、一九世紀から二〇世紀に掛けての時代状況、すなわちこの時期の戦争の様相が徐々に総力戦へと変貌を遂げていく状況と関係している。事実、この言葉が頻繁に用いられ始めているのはクラウゼヴィッツの『戦争論』からである。

ルーデンドルフと戦争指導

戦争指導という言葉に限らず、ある用語の概念が人々の注目を集め、定着するに至るまでには、それがある目的のために意識的に用いられたという経緯があるのが常である。そして、戦争指導という言葉を最初に意識的に用いた人物としてやはりルーデンドルフの名前が挙げられる。ドイツ軍人コルマール・フォン・デア・ゴルツがその概念を最初に規定した戦争指導という言葉を、より一般的な形で明確化したのは疑いなくルーデンドルフであり、それは総力戦という言葉と同様に定着した。

彼は、一九二二年の著書『戦争指導と政治』で次のように主張する。

政治の任務が拡大するに伴い、政治それ自体の範囲も変化しなければならないであろう。すなわち、政治は総力戦と同様に総力的な性格を備えるべきである。戦争は国民がその生存を懸ける最高度の緊張をもたらすため、総力政治もまた、平和時から戦争時における国民の生存闘争の準備に資し、かつ、そのための基礎を確立しなければならない。

そして彼は、「戦争と政治は共に国民の生存のために行われるものであり、とりわけ戦争は国民としての生存への意思を最高度に表現するものである。それゆえ、政治は戦争指導に奉仕すべきである」との結論に至った。

理想型としてのフリードリヒ大王

そしてプロイセンの啓蒙君主フリードリヒ大王の戦争指導を理想型——「殲滅戦争／戦略」の理想型——としていたルーデンドルフは、この権力者は軍人であるべきと確信していた。彼は、フリードリヒ大王の戦争指導を理想としていたこともあり、この中枢的な権力は軍事指導者の手に委ねられねばならない、と確信するに至ったのである。

また、その軍事指導者は軍事戦略の次元での準備を指導するに留まらず、財政、商業、生産、国民教育、さらには宣伝を指導及び調整する必要があり、そのためには独裁的かつ絶対的な権力を保持しなければならないとされた。つまり彼は、総力戦を遂行し、勝利するためには、総力政治が必要不可欠であると考えるに至り、また、総力政治には総力戦を遂行するために必要な全ての側面を統制する機能が求められ、さらには、一人の最高指導者――実質的にはルーデンドルフ自ら――の下で実施される必要があるという議論を展開するのである。

五　ルーデンドルフとクラウゼヴィッツ

クラウゼヴィッツ批判

ルーデンドルフからクラウゼヴィッツまでの戦争観及び戦略思想の連続性と非連続性をめぐる問題を考察した論考は数多くあるが、そうした論考が明らかにしたものとして、ルーデンドルフが『総力戦』でクラウゼヴィッツの戦争観を否定する一方、『戦争論』の内容を数多く引用し、またそれに同意している事実、さらには、その一つの結果として後年、「絶対戦争（absoluter Krieg）」（クラウゼヴィッツ）と「総力戦（totale Krieg）」（ルーデンドルフ）という言葉の概念の混乱を招くことになった事実、が挙げられる。

ではより具体的にルーデンドルフは、クラウゼヴィッツの戦争観をどのように解釈していたのであろうか。ドイツの歴史家ハンス・デルブリュック（本書第五章を参照）との論争——「戦略論争」——で示されているように、ルーデンドルフは「殲滅戦争／戦略」の主唱者としてのクラウゼヴィッツについては全面的に支持した。

彼によれば、フリードリヒ大王やナポレオン・ボナパルト、そして、シュリーフェンへと至る殲滅戦争の追求という偉大な軍人の「伝統」は疑いようのないものであり、クラウゼヴィッツによる戦争の二種類の理念型を基礎にして「消耗戦争／戦略」の妥当性を唱えたデルブリュックは、戦争や戦略の本質を全く理解していない。

だがデルブリュックは、「歴史の教訓によれば、指導的な政治家の方が勇敢な軍人よりも、国民の運命についての理解は遥かに深い。偉大な将軍とは、双方を兼ね備えた者のみ偉大なのである」と皮肉を込めて述べている。彼はまた、偉大な戦略家とは単なる軍人である以上に政治家でもあるべきである、と常に論じていた。

またデルブリュックは、第一次世界大戦後、ルーデンドルフが自らの戦争指導の失敗を認めず、左翼に代表される国内勢力の裏切りに責任を転嫁する言動を展開していたことに強い不快感を覚え、雑誌などに彼を批判する論考を寄稿すると共に、『ルーデンドルフ、ティルピッツ、そしてファルケンハイン』（一九二〇年）といった著書を発表、その戦争指導を徹底的に批判した。

ルーデンドルフの認識の下での「殲滅戦争」とは、一九一四年のタンネンベルクの戦いに見られるように「敵の数個軍を殲滅する」ことであり、その一方で「強大な陸軍国家に属する全てを一挙に殲滅することは極めて稀なこと」であった。最終的には、「敗北の連続によって軍隊が動揺し、国民の意思は撃破され、戦争の継続が不可能となる」ことに「殲滅戦争」の目的が置かれていた。

この問題についてルーデンドルフは、シュリーフェンによるクラウゼヴィッツの『戦争論』第五版序文を引用し次のように書いている。「クラウゼヴィッツにとって戦争とは武力決戦に至る最高の法則の下に立脚するもので、この思想が我々をケーニヒグレーツ及びセダンへと導いたのである。さらに付言すれば、この思想は我々をしてタンネンベルクに導き、その他の全ての戦場における勝利に導き、そして最終的勝利に導いたのである」。

その一方でルーデンドルフは、攻勢と防勢の関係性に関してはクラウゼヴィッツが主張した「戦いの防勢的な形態はそれ自体で攻勢的なものよりも強固である」とする見解には反対の立場を取った。何れにせよ、彼にとって「殲滅戦争」とは軍事戦略の次元の問題であり、「戦争の最高法則とは依然として武力決戦」であった。ルーデンドルフはヘルムート・フォン・モルトケ（大モルトケ）の有名な定義を引用して以下のように述べている。すなわち、「戦略は戦争の最高法則を成就するための臨機応変の体系であり、一体系に過ぎないのである」。

だが彼の戦争観は、その根源においてクラウゼヴィッツのものとは対照的であり、彼は「戦争の本質が変化し、政治の本質も変化した以上は、政治と戦争指導の関係もまた変化せざるを得ない。クラウゼヴィッツが唱えた全ての理論はいまや完全に放棄されなければならない」と主張した上で、「クラウゼヴィッツの『戦争論』は、既に過去の世界史の発展過程に属するものであり、もはや今日では時代に取り残されている。『戦争論』の研究は却って頭の混乱を招く可能性すらある」と、クラウゼヴィッツを厳しく批判している。

クラウゼヴィッツの戦争観の倒立

実際、ルーデンドルフは『総力戦』の中でクラウゼヴィッツの戦争観を「時代遅れ」と完全に切り捨てている。歴史家ジェフーダ・ヴァラハによれば、「ルーデンドルフは、敢えてクラウゼヴィッツを決定的かつ公然と拒否した最初のドイツ人」であった。

さらに『戦争指導と政治』の中で彼は、次のようにも述べていた。すなわち、「クラウゼヴィッツはその著書『戦争論』で政治と戦争指導について論じているが、彼の論点は外交問題に留まり、国内政治や経済政策と戦争指導の関係性については言及していない」。

興味深いことに、ルーデンドルフはここでクラウゼヴィッツの「戦争とは他の手段をもってする政治の継続」という戦争観を、「戦争とは他の手段をもってする外交（中略）の継続」と狭義の意味に読み替えて解釈している。その結果、『総力戦』でのルーデンドルフは「クラウゼヴィッツは、政治について、外交すなわち国家間の関係の調整と宣戦、そして講和についてのみ考えた。そして、政治の他の側面は全く考慮しなかったのである。

彼は、この外交の価値を戦争の価値よりはるかに重要視し、戦争と戦争指導を強く外交に従属させた」とのやや誤った認識に至ることになる。

前述したように、従来の戦争とは大きく異なる様相を呈した第一次世界大戦では、軍のみならず国民全体が戦争に巻き込まれ、前線の兵士と同様に銃後の人々も何らかの形で戦争に参加することになる。ルーデンドルフによれば、クラウゼヴィッツと彼の『戦争論』の時代的な制約は、こうした戦争の様相の変化を十分に予想し得なかった点にある。「仮にクラウゼヴィッツが生きていれば、その内容を修正し、軍隊の能力が様々な国内要因に負うところがいかに大きいかについて記したであろう」と彼は述べている。

だが、よく考えてみれば戦争の社会性に繰り返し言及していたのはクラウゼヴィッツであり、その洞察はルーデンドルフと比較にならないほど深い。

戦後の平和

また、少なくともクラウゼヴィッツには、戦争を考える際に戦後の平和を見据えた配慮が感じられるが、ルーデンドルフには戦後に対するいかなる考えも認められない。おそらく彼にとっては、戦争そのものだけが、あるいは戦争のための生活だけが、社会の正常な姿なのであった。これこそ、彼が目指した全ての社会生活の軍事化であった。

もとよりルーデンドルフは、必ずしもクラウゼヴィッツの戦争観の全てを否定したわけではない。実際、彼はクラウゼヴィッツのフランス革命に対する評価、すなわち、一七八九年の革命以降、全国民的事業となった戦争がその真の様相に回帰し、本来の完全なる力をもって従来の慣習を打ち破りつつあるとの認識には同意している。そして彼は、これを「世界史の発展過程に対するクラウゼヴィッツの鋭い洞察力を示すもの」と高く評価しており、この認識そのものに限れば、その後のルーデンドルフの戦争観に継承されている。

結局のところ、ルーデンドルフはクラウゼヴィッツを超越する新たな戦争観を提示しようとしたが、残念ながらこの試みは、到底成功したとは言い難い。

おわりに

戦争が社会の変化と呼応する形でその目的、手段、規模を拡大させ、さらには国家の枠を越えた主義——イデオロギー——の戦いへと進展しつつある事実にいち早く気付いたルーデンドルフの時代状況認識、そして、これを総力戦という言葉で概念化した彼の功績については正当に評価されるべきであろう。特に彼が、宣伝に代表される戦争の心理的側面の重要性を認識し得た点は高く評価できよう。

その一方で、自らが理解した総力戦への対応を模索し、その解決策として提示されたルーデンドルフの数々の処方箋については、当時であってもとても妥当とは言えない。とりわけ総力政治という概念に代表されるように、政治と戦争の関係性を完全に逆転させ、軍人に都合の良い戦争指導のあり方を提示したルーデンドルフの責任は極めて大きい。

ルーデンドルフの戦争観もしくは思想に対しては、「独創的でもなければ興味深くもない」との批判が示されている。とりわけ『総力戦』は、「つまらないことの繰り返しであり、仮に何らかの影響力があるとすれば、その表題」であるとも批判された。さらに前述のチケリングは、ルーデンドルフの『総力戦』は「商標」に過ぎないとも批判している。

さらにルーデンドルフの後任として「第一兵站総監」となりドイツ国防相も歴任したヴィルヘルム・グレーナーは、ルーデンドルフの著作には基本的に新しいものは何も記されていない、と述べている。

そうした中、イスラエルの歴史家マーチン・ファン・クレフェルトは、ルーデンドルフの『総力戦』を第一次世界大戦の反省であると共に次なる戦争の青写真でもあった、と的確に指摘する。

第一次世界大戦と同様の事態が繰り返されることがないよう、そして国家全体から最大限の効率性を引き出せるよう、ルーデンドルフは、政治、軍事、国民というクラウゼヴィッツ的な「三位一体」の区別をなくすよう求めた。軍服を着ているか否かにかかわらず、男性・女性の区別もなく、老年であろうが若年であろうが、それぞれの持ち場で自らの役割を果たし、国家が全体として一つの大きな「軍隊」に相当するものを構成しなければならない。そして、この機構の最上位に立つ独裁的な最高指導者は絶対的な権力を行使できる。

さらには、こうした機構が戦時に限定されることはないとルーデンドルフは主張する。今日の戦争は大規模で、大量の物資を準備する必要があるため、こうした問題を解決するためには平時・戦時を問わず独裁体制を持続する必要がある、と彼は考えた。

なるほどこうした彼の戦争観は極めて過激であり、ドイツ軍国主義の究極の姿であったが、それでも彼の戦争観は当時のヨーロッパ諸国で広く受け入れられていた認識と同根である。

つまりそれは、一九世紀末から二〇世紀初頭に顕著になったものであるが、効率性あるいは能率性こそが人類が達成すべき究極の目的であると位置付け、それを達成するために様々な手段によって社会の組織を変化させようとする思想であった。

ルーデンドルフは、ドイツが第一次世界大戦に敗れた一つの原因として革命運動を煽動するような思想を挙げており、この大戦での士気の低下は国民からドイツ軍全体に伝わったと考えた。その結果、彼は総力戦を遂行し、勝利するためには総力政治が必要不可欠であると考えるようになったのである。総力政治には総力戦に関連するあらゆる局面を統制する機能が求められ、また、この総力政治は一人の最高指導者の下で遂行される必要がある、とルーデンドルフは主張したのである。

結論として、ルーデンドルフの「総力政治」とは、クラウゼヴィッツの戦争観、さらには今日の一般的な政軍関係のあり方——民主主義国家もしくは社会での文民統制のあり方——を倒立させた概念であり、容認することができないものであることは疑いない。

本章の参考文献

J・W・ウィーラー・ベネット著、木原健男訳『ヒンデンブルクからヒトラーへ——ナチス第三帝国への道』東邦出版社、一九七〇年

室潔著『ドイツ軍部の政治史：1914～1933』早稲田大学出版部、一九八九年

ハンス・スパイアー「ドイツの総力戦観——ルーデンドルフ」エドワード・ミード・アール編著、山田積昭、石塚栄、伊藤博邦訳『新戦略の創始者——マキアベリからヒトラーまで』原書房、二〇一一年、下巻（Hans Speier, "Ludendorff: The German Concept of Total War," in Edward Mead R. Earle, ed., *Makers of Modern Strategy: Military Thought from Machiavelli to Hitler* (Princeton: Princeton University Press, 1943)）

三宅正樹「ドイツ第二帝政の政軍関係——クラウゼヴィッツとルーデンドルフとの間」三宅正樹著『日独政治外交史研究』河出書房新社、一九九六年

ハンス・ウルリッヒ・ヴェーラー著、新庄宗雅訳「『絶対的戦争』と『全体的戦争』——クラウゼヴィッツからルーデンドルフまで」（私家版、一九八八年）（"Der Verfall der deutschen Kriegstheorie:

Vom "Absoluten" zum "Totalen" Krieg oder von Clausewitz zu Ludendorff," in Hans-Ulrich Wehler, *Krisenherde des Kaiserreichs 1871-1918: Studien zur deutschen Sozial- und Verfassungsgeschichte* [Göttingen: Vandenhoeck & Ruprecht, 1971]

小堤盾「戦略なき時代のクラウゼヴィッツ——戦間期のドイツを中心に」清水多吉、石津朋之編『クラウゼヴィッツと『戦争論』』彩流社、二〇〇八年

マーチン・ファン・クレフェルト著、石津朋之監訳『戦争の変遷』原書房、二〇一一年

ジャン・ヴィレム・ホーニッヒ「総力戦とは何か——クラウゼヴィッツからルーデンドルフへ」防衛研究所編『平成23年度戦争史研究国際フォーラム報告書』（平成二四年三月）

Erich Ludendorff, *Der totale Krieg* (München: Ludendorffs Verlag, 1935)（ルーデンドルフ著、間野俊夫訳『国家総力戦』三笠書房、一九三八年）（エーリヒ・ルーデンドルフ著、伊藤智央訳・解説『ルーデンドルフ　総力戦』原書房、二〇一五年）

Erich Ludendorff, *Kriegführung und Politik* (Berlin: Mittler und Sohn, 1922)

Erich Ludendorff, *Meine Kriegserinnerungen 1914-1918* (Berlin: Mittler, 1919)

Erich Ludendorff, *Urkunden der obersten Heeresleitung über ihre Tätigkeit 1916/18* (Berlin: Mittler, 1920)

Franz Uhle-Wettler, *Ludendorff in seiner Zeit* (Berg: Kurt Vowinckel, 1996)

Jehuda Wallach, "Misperceptions of Clausewitz' On War by the German Military,"; Klaus Jürgen Müller, "Clausewitz, Ludendorff and Beck,"; Williamson Murray, "Clausewitz: Some Thoughts on What the Germans Got Right," in Michael Handel, ed., *Clausewitz and Modern Strategy* (London: Routledge, 1999)

Jehuda L. Wallach, *Das Dogma der Vernichtungsschlacht: Die Lehren von Clausewitz und Schlieffen und ihre Wirkungen in 2 Weltkriegen* (Frankfurt am Main: Bernard & Graefe, 1967)

Jehuda L. Wallach, *Kriegstheorien* (Frankfurt am Main: Bernard und Graefe, 1972)

Robert T. Foley, "From Volkskrieg to Vernichtungskrieg: German Concepts of Warfare, 1871–1935," in Anja V. Hartmann, Beatrice Heuser, eds., *War, Peace and World Orders in European History* (London: Routledge, 2001)

Robert T. Foley, *German Strategy and the Path to Verdun: Erich von Falkenhayn and the Development of Attrition, 1870–1916* (Cambridge: Cambridge University Press, 2005)

D. J. Goodspeed, *Ludendorff: Soldier, Dictator, Revolutionary* (London: Rupert Hart-Davis, 1966)

R. Parkinson, *Tormented Warrior: Ludendorff and the Supreme Command* (London: Holder and Stoughton, 1978)

Karl Tschuppik, W. H. Johnston, *Ludendorff: The Tragedy of a Military Mind* (Boston: Houghton Mifflin Company, 1932)

Perry Pierik, *Tannenberg: Erich Ludendorff and the Defence of the German Eastern Border in 1914* (Soesterberg: Uitgeverij Aspekt, 2003)

Trevor N. Dupuy, *The Military Lives of Hindenburg and Ludendorff of Imperial Germany* (New York: Franklin Watts, 1970)

Norman Stone, "General Erich Ludendorff," in Michael Carver, ed., *The War Lords: Military Commanders of the Twentieth Century* (Barnsley: Pen & Sword, 2005)

Martin Kitchen, *The Silent Dictatorship: The Politics of the German High Command under Hindenburg and Ludendorff, 1916–1918* (New York: Holmes & Meier, 1976)

John Lee, *The Warlords: Hindenburg and Ludendorff* [Great Commanders S.] (London: George Weidenfeld & Nicholson, 2005)

Robert B. Asprey, *The German High Command at War: Hindenburg and Ludendorff and the First World War* (New York: Time Warner, 1994)

Ian F. W. Beckett, "Total War," in Colin McInnes, Gary D. Sheffield, eds., *Warfare in the Twentieth Century: Theory and Practice* (London: Unwin Hyman, 1988)

Sven Lange, *Hans Delbrück und Strategiestreit* (Freiburg: Rombach, 1995)

Hans Delbrück, *Ludendorffs Selbstporträt mit einer Widerlegung der Forsterschen Gegenschrift* (Berlin: Verlag für Politik und Wirtschaft, 1922)

Hans Delbrück, edited and translated by Arden Bucholz, *Delbrück's Modern Military History* (Lincoln: University of Nebraska Press, 1997)

Hans Delbrück, *Geschichte der Kriegskunst im Rahmen der politishen Geschichte*, 4 Bände (Berlin: Verlag für Politik und Wirtschaft, 1900–20)

Roger Chickering, "Sore Loser: Ludendorff's Total War," in Roger Chickering, Stig Förster, eds., *The Shadows of Total War: Europe, East Asia, and the United States, 1919–1939* (New York: Cambridge University Press, 2003)

John Wheeler-Bennett, *The Nemesis of Power: The German Army in Politics, 1918–1945* (London: Macmillan, 1964)（J・ウィラー＝ベネット著、山口定訳『国防軍とヒトラー』上下巻、みすず書房、二〇〇二年）

第五章　ハンス・デルブリュック——「近代軍事史」を確立

はじめに――多彩な人物像

この章では、プロイセン＝ドイツの歴史家で戦略思想家ハンス・デルブリュック（一八四八～一九二九年）を紹介していきたい。

デルブリュックは、①軍人『グナイゼナウ伝』の執筆を契機とした「軍事史家」としての一面に加え、②当時は一般国民に馴染みの薄かった戦争について平易な言葉で説明した「解説者（コメンテーター）」としての一面、③第一次世界大戦でのドイツの戦争指導に強く異論を唱えた「批判者」、という三つの顔を併せ持つ人物であった。デルブリュックには、普仏戦争（一八七〇～七一年）などへの従軍経験があったため、戦争は比較的身近な存在であった。加えて、④ベルリン大学教授という「教育者」の側面、さらには、⑤議会に席を有する「政治家」、⑥第一次世界大戦後のパリ講和会議では「外交官」としての顔も備えていた。

軍事史家、そして教育者（大学教授）としてのデルブリュックの代表作は『政治史の枠組みの中の戦争術の歴史（*Geschichte der Kriegskunst im Rahmen der politischen Geschichte*）』（全四巻）であり、「実証批判（Sachkritik）」や比較歴史学といった新たな研究手法を駆使し、政治という大きな枠組みの下で戦争の歴史を考察すると共に、ある国家の政治体制とそこで用いられる具体的な戦略の関係性について明らかにした。国家の組織と戦術、戦略の相互作用を立体的に構成しようと試みたのである。

彼はまた、自らの講義に対する学生の高い評価を踏まえ、大学のカリキュラムに軍事史を正式に加えようと試みたが、残念ながらこれは実現できなかった。「近代軍事史」という学問体系の確立にはある程度成功したものの、大学で教える「教科（ディプシリン）」としては認められなかったのである。事実、ベルリン大学でデルブリュックは、一般世界史を担当するに留まった。

ハンス・デルブリュック（1848〜1929）。ドイツの歴史家、戦略思想家。志願兵として普仏戦争に従軍。ベルリン大学教授やドイツ帝国議会議員なども務めた。第一次世界大戦後のパリ講和会議にはドイツ代表団として参加。

解説者としてのデルブリュックは、第一次世界大戦中にその真価を発揮し、自らが編集する政治雑誌『プロイセン年報（*Preussische Jahrbücher*）』などを通じてこの大戦の戦況や戦略について積極的な言論活動を展開した。また、大戦後の彼は批判者として知られ、エーリヒ・ルーデンドルフに象徴されるドイツの戦争指導のあり方を厳しく批判した。

またデルブリュックは、一八

八二～九〇年にかけてプロイセン議会及びドイツ帝国議会議員として、選挙制度の改革などに向け尽力した。併せて、一九一九年のパリ講和会議の席でのデルブリュックは、第一次世界大戦の開戦責任がドイツだけにあるとする大方の見解に反論したが、その後に締結されたヴェルサイユ条約では、開戦を含めてドイツの戦争責任が明確に規定されていた。

もとより、軍事史家さらに教育者としてのデルブリュックの議論には多くの矛盾点や問題点が挙げられ、また、解説者や批判者、そして外交官としての彼は、必ずしも同時代の政治や戦争の実相に通じていなかった――所詮デルブリュックは「部外者」に過ぎない――こともあり、やや見当外れの論評も多々残している。

一　デルブリュックの世界観、戦争観

『政治史の枠組みの中の戦争術の歴史』

『政治史の枠組みの中の戦争術の歴史』でデルブリュックは、それまでの誇張に満ちた戦記物や武勇伝などに対し、いわば神話の破壊者たらんとしたのであるが、この姿勢は彼の全ての作品を通じて一貫している。また、その内容の根底には、カール・フォン・クラウ

ゼヴィッツの戦争観の影響が強く認められる。

『政治史の枠組みの中の戦争術の歴史』のヨーロッパ古代の戦争（第一巻及び第二巻）について デルブリュックは、例えばマラトンの戦い（紀元前四九〇年）やザマの戦い（紀元前二〇二年）をめぐる従来の誇張された戦闘員数などを、「実証批判」や比較歴史学を導入することで現実的なものへと修正、併せてギリシア軍及びローマ軍――いわゆる「市民軍」――のゲンマン人やガリア人に代表される「野蛮人（バーベリアンズ）」に対する優位を、単に従来唱えられていた兵士の規律の高さや用いられた戦術の有用性に矮小化することなく、兵站を含めた「軍事システム」――すなわち社会構造――の優位性の中に見出したのである。

加えて、デルブリュックはいわゆる西側世界の「文化」の優越性を強調した。例えば、彼にとってローマによるガリア遠征の成功は、「高度な文化の賜物」なのであった。

次に、中世ヨーロッパの戦争（第三巻）についてデルブリュックは、中世の兵士（戦士）をやや単純化し独立した個人と捉え、他者と協力し決定的なまでに重要な戦闘単位など構成し得なかった、と主張した。だが、こうした彼の解釈に対しては後年、専門家から厳しく批判されることになる。

最後に、「近代」の戦争（第四巻：ヨーロッパ近世とナポレオン戦争）で彼は、クラウゼヴィッツの戦争観、とりわけ戦争の二種類の理念型を援用、「殲滅戦略（Niederwerfungsstrategie）」と「消耗戦略（Ermattungsstrategie）」という概念を用いてフリードリヒ大王やナポレオン・ボナパルトの戦い方の術(アート)について考察した。実は、この時期にはフリードリヒ大王没後一〇〇年を記念し多くの著作が刊行されていたのである。

なるほど、この著書には内容的にやや強引とも思える論理展開が見受けられるものの、デルブリュックは、あらゆる時代にはその時代の社会や政治の様相を反映した固有の戦争形態及び戦略が存在する事実を実証した。

「政治による戦争指導」と「軍事による政治指導」

以下では、第一次世界大戦を具体的な事例として、戦争指導あるいは政治と戦争の関係性をめぐるデルブリュックの認識を考えてみたい。

あらかじめ結論的なことを述べてしまえば、デルブリュックにとって第一次世界大戦ほど、自らが理想とする「政治による戦争指導」と現実に生起した「軍事による政治指導」との落差(ギャップ)が顕著であった事例はなかった。

彼は、いかなる戦争方法を用いるかを決定するのも、いかなる軍事戦略を用いるかを決定するのも、政治(家)の責任であり、仮に政治目的から逸脱した形で軍事戦略が実施されれば、国家運営全般に対する大きな障害になると正しく認識していた。

その結果、彼は常に交渉による「妥協(協調)の平和」の基礎を提供し得る戦い方を唱えた。つまり、敵との交渉の窓口は絶対に閉ざしてはならず、敵がその窓口を閉ざすことになるような軍事戦略は決して用いてはならないとしたのである。これは、ルーデンドルフを中心とする「第三次最高統帥部」が推し進めた「勝利の平和」とは真っ向から対立するものであり、「戦争指導（Kriegführung）」のあり方をめぐる対立であった。

実は、こうしたデルブリュックの戦争指導あるいは政軍関係をめぐる認識は、今日、アメリカの国際政治学者エリオット・コーエンなどに継承されている。コーエンは、こうした政治目的と戦争もしくは軍事の関係性についてその著『戦争と政治とリーダーシップ』で、「対等ではないものの対話（unequal dialogue）」と的確に表現している。

政治の枠組みの中の戦争

デルブリュックは『政治史の枠組みの中の戦争術の歴史』で、戦争と社会及び政治の関係性を強調する。

すなわち、「（前略）この著作に通底する思想である国家の組織と戦術、そして戦略の相互作用の立体的な構築が可能となった。戦術、戦略、国家の体制、そして政治の相互作用を理解することによって、キリスト教普遍史との関係に焦点を当て、従来は無視あるいは誤解されてきた多数の事象を明らかにできる。この著作は戦争術のためではなく、世界史のために執筆されたものである」。

同書の内容から明らかであるデルブリュックとクラウゼヴィッツの類似点として、彼が示した「殲滅戦略」と「消耗戦略」という概念が挙げられる。「消耗戦略」は後年、この言葉が誤解を招きやすいとの理由で「二極（双極）戦略」と称された。

なお、デルブリュックが示した「消耗戦略」という概念は、第一次世界大戦の一時期（一九一四〜一六年）にドイツ陸軍参謀総長を務めたエーリヒ・フォン・ファルケンハインが参考とし、実際の戦い方に影響を及ぼしたようである。これは、一九一六年のヴェルダンの戦いでのファルケンハインの意図をめぐる問題として、今日に至るまで専門家による活発な論争が展開されている。

クラウゼヴィッツの戦争観の継承

確認するが、「殲滅戦略」や「消耗戦略」という概念を提示するに際して、デルブリュックは明らかにクラウゼヴィッツの「絶対戦争」と「制限戦争」を継承している。もとより、はたしてデルブリュックの概念がクラウゼヴィッツの示したものと完全に同義なのかについては、専門家の見解は分かれている。

なお、帝国陸軍軍人の石原莞爾に代表されるように、日本にもデルブリュックが示した概念と似たものを提示した人物が存在した。だが、はたしてこれが、石原が自ら主張するように偶然の一致に過ぎないのか、それとも、実は『戦争史大観』や『最終戦争論』などで示された石原の思想の源泉がデルブリュックにあったのかについては、今日でも必ずしも明確にされていない。

二　クラウゼヴィッツからデルブリュック、そしてハワードへ

デルブリュックとハワード

政治と戦争の関係性をめぐるクラウゼヴィッツの立場をほぼ正確に継承し、学問としての軍事史の確立に大きく貢献した歴史家としてデルブリュックが挙げられることは既述した。

また、戦争と社会の関係性についてデルブリュックとほぼ同様の認識を示した歴史家として、イギリスのマイケル・ハワードの名前が挙げられる。実は、クラウゼヴィッツもデルブリュックやハワードと同様、その晩年には戦争が政治的さらには社会的な事象であるとの認識に至ったのである。

ハワードは、戦争と社会の関係性についてその著『ヨーロッパ史における戦争』で、デルブリュックへの敬意を込めて以下のように述べている。

すなわち、「戦争を戦争が行われている環境から引き離して、ゲームの技術のように戦

争の技術を研究することは、戦争それ自体ばかりでなく戦争が行われている社会の理解にとって、不可欠な研究を無視することになります」。さらにハワードは、「政治史の枠組みにおいてばかりでなく、経済史、社会史、文化史の枠組みにおいても戦争を研究しなければなりません。戦争は人間の経験全体の一部であり、その各部分は互いに関係付けることによってのみ理解できるのであります。戦争が一体何をめぐって行われたのかを知らずには、どうして戦争が行われたのかを、十分に記述することはできません」と指摘する。

「媒介(メディア)」としてのコルベット

興味深いことに、デルブリュックやハワードと並んでクラウゼヴィッツの戦争観の継承者として、イギリスの海軍戦略思想家ジュリアン・コルベットと、同じくイギリスの戦略思想家バジル・ヘンリー・リデルハート（本書第八章を参照）の名前がしばしば挙げられる。

コルベットはともかく、リデルハートをクラウゼヴィッツの戦争観の継承者と位置付けることに違和感を抱く読者も多いであろう。事実、彼はかつてクラウゼヴィッツを「大量集中理論と相互破壊理論の『救世主』」として厳しく批判している。だが、実はリデルハートは、半ば無意識の内にコルベットの思想を通じてクラウゼヴィッツの戦争観を継承していたのである。

本書の第一章で述べたように、一八二七年にクラウゼヴィッツの思想に危機が訪れ、その後、それまで彼がその生涯を懸けて考察し、強く唱えていた戦争に対する見解を、その死に至るまで徐々に修正し始めた。最終的にクラウゼヴィッツは、不承不承ながらも「制限戦争」の存在及びその重要性を認めるようになり、これを、目的に合致するよう戦争を抑制する政治の役割、という論理展開によって説明を試みたのである（アザー・ガット）。

そして、一九世紀後半から二〇世紀前半にかけてコルベットとデルブリュックがそれぞれ独自に戦争観を発展させ、絶対戦争や殲滅戦略という思想が支配的であった当時の時代状況に異議を唱えたのは、まさにこのクラウゼヴィッツの戦争観を基礎とした結果であった（コルベットの戦略思想については、本書の第六章で少し言及している）。

クラウゼヴィッツからリデルハートへ

少し複雑ではあるが、クラウゼヴィッツからリデルハートへの戦争観の継承は次のように整理できる。

コルベットは晩年のクラウゼヴィッツの戦争観を基礎として海上での戦いを中心とする戦争の歴史について研究を進めたが、コルベットの信奉者であるリデルハートは、このコルベットから継承した戦争観をクラウゼヴィッツに対する批判に用いたのである。

クラウゼヴィッツを批判するためにリデルハートはコルベットの戦争観を援用したのであるが、実はそのコルベットの戦争観の多くはクラウゼヴィッツを継承したものであり、結局のところ、リデルハートは半ば無意識の内にクラウゼヴィッツを批判するためにクラウゼヴィッツを援用していたのである。

当然ながら、この一見矛盾するかのような事象は、クラウゼヴィッツの戦争観の形成過程が極めて複雑であった事実に起因する。

つまり、クラウゼヴィッツが自らの初期の戦争観を修正しつつあった事実はまだ、殆ど一般に知られていなかったため、例えば政治と戦争の関係性をめぐるクラウゼヴィッツの認識——認識の変遷過程——が、リデルハートには十分に理解されていなかったのである。

これとは対照的にコルベットとデルブリュックは、クラウゼヴィッツを研究する中で彼が最終的な結論にまで到達していなかった事実を知っていた。だが、リデルハートにはこうした経緯が明らかではなかったため、クラウゼヴィッツに対する厳しい批判へと繋がったのである。加えて、当時の『戦争論』の英語訳は、その内容に多くの問題を抱えていた。

リデルハートの戦争観

しかし、実際にリデルハートの著作を読んでみれば、この二人の戦争観の類似性が際立っている事実を容易に理解できるはずである。彼の主著『戦略論——間接的アプローチ』から少し長くなるが、一部を引用してみよう（訳文は筆者自身による）。

戦争の目的とは、少なくとも自らの観点から見てより良い平和を達成することである。それゆえ、戦争の遂行に当たっては自己の希求する平和を常に念頭に置かなければならない。これこそ、「戦争は他の手段をもってする政治の継続である」とするクラウゼヴィッツの戦争に関する定義の根底を流れる真実である。したがって、戦争を通じた政治の継続は、戦後の平和へと導かれるべきことを常に想起する必要がある。仮に、ある国家が国力を消耗するまで戦争を継続した場合、それは、自国の政治と将来とを破滅させることになる。

仮に、戦勝の獲得だけに全力を傾注して戦後の結果に対して考慮を払わないのであれば、戦後に到来する平和によって利益を受け得ないまでに消耗し尽くしてしまうであろう。同時に、そのような平和は、新たな戦争の可能性を秘めた、言うなれば悪しき平和に過ぎないのである。このことは、数多くの歴史の経験によって実証されている教訓である。

また、戦争を遂行するに当たって戦後の構想を常に描いておく必要がある――戦争の政治性、あるいは今日の言葉では「出口戦略」――とのリデルハートの思想の核心は、『戦略論』の以下のような記述にも表れている。

戦前よりも戦後の平和状況、とりわけ国民の平和状況が良くなるというのが真の意味での戦争の勝利である。この意味での戦勝の獲得は、速戦即決によるか、あるいは、長期の戦争であっても自国資源と経済的に均衡が取れた場合のみ可能となる。目的は手段に応じて適合されなければならない。

賢明な政治家であれば、そのような戦争の勝利が十分に見込めなくなった時は、平和交渉のための好機を逸するようなことはしない。交戦当事諸国が偶然、相互の実力を認識し合ったことを基礎として戦局が手詰まり状態に陥った結果、講和が結ばれたとしても、少なくともこれは、相互の国力消耗の果てに結ばれた講和より良いのであり、実際、この方が永続的平和のための基盤となることが多かったのである。

このように、クラウゼヴィッツの戦争観はデルブリュックやコルベットを通じて、さらにリデルハートやハワードを通じて、時代の要請に合わせてその意味するところを少しずつ変えながら、今日まで継承されているのである。

三 「戦略論争」と「近代軍事史(学)」

「戦略論争」とは何か

デルブリュックの名前を後年に遺したものの一つがいわゆる「戦略論争（Strategiestreit）」である。

これは、とりわけプロイセンのフリードリヒ大王が実際に用いた戦略に対する評価をめぐって、デルブリュックとドイツ陸軍参謀本部戦史部を中心とする軍人歴史家の間の論争――これが「論争」の名に値するものであったかについては問わない――である。時期としては、およそ一八九〇年代から第一次世界大戦開戦までの間で、大戦後は新たな「戦略論争」が生起する。

軍人歴史家の中心となった人物がコルマール・フォン・デア・ゴルツ（一八四三～一九一六年）であり、軍人以外にも、文筆家のテオドール・フォン・ベルンハルディなどが積極的にこれに参加している。

例えば、ゴルツの主著『国民皆兵論（*Das Volk in Waffen*）』（一八八三年）では、①いわゆる「官房戦争（Kabinettskriege）」から「国民戦争（Volkskrieg）」へと戦争の様相の変化が指摘されると共に、戦争の主体が国民になりつつある事実――総力戦の予測――が強調され、②戦争が国家間の生存競争の中でその優劣を決定するものとの当時の「時代精神」――戦争の機能の積極的な評価や社会ダーウィニズムなど――を反映した戦争観が認められる。

だが、こうした優れた洞察力を有していたにもかかわらず、ゴルツは、フリードリヒ大王についてはいわば絶対神格化して論じている。

フリードリヒ大王の戦い方をめぐって

この論争の核心は、はたしてデルブリュックが主張したように、フリードリヒ大王が「消耗戦略」を実践し、フランスのナポレオンが「殲滅戦略」の代表であるか、その戦い方の解釈をめぐる対立であった。

とりわけ、ゴルツを含め多くのドイツ軍人が信奉するフリードリヒ大王の戦い方をデルブリュックが「消耗戦略」の典型的な事例であるとしたことに対し、軍人歴史家が、これを大王さらにドイツ軍全般に対する侮辱と捉え、強く批判した。事実、軍人歴史家はデルブリュックに対し、軍事の素人、好事家といった言葉で感情的に反発している。

他方、デルブリュックの議論の核心はその著『フリードリヒ大王によって説明されたペリクレスの戦略』(一八九〇年)に明確に示されているが、「消耗戦略」の実践者として当時のアテネ(ギリシア)人に不人気であったペリクレス(紀元前四九五?~紀元前四二九年)の戦い方が、結局、アテネの勝利と繁栄をもたらした史実を引用することで、フリードリヒ大王の戦い方を正当化したのである。

ペロポネソス戦争（紀元前四三一～紀元前四〇四年）でのアテネのペリクレスの戦略をめぐって、陸上での戦いの回避、海軍力の活用、ゲリラ戦的な戦い、を中核とする彼の戦争方法は、当時のアテネ（ギリシア）の戦い方及び戦士精神とは合致しないとして、厳しく批判された。

　確かに、当時のアテネ（ギリシア）人の戦い方――「西側流の戦争方法（the western way in warfare）」――を特徴付ける要素としては、次の八つが挙げられる。すなわち、①進んだ技術（テクノロジー）、②厳格な軍紀、③優れた対応能力、④多数の民衆に浸透した広範な軍事習慣、⑤決戦の選択、⑥歩兵の優位、⑦戦争遂行のための資本の組織的な運用、⑧道義的な反戦、である（ハンセン著『古代ギリシアの戦い』。傍点は引用者）。

　だが、前述の一見「消極的」な戦い方で、ペリクレスはアテネの危機を救ったのである。

　また、時代は下りローマがカルタゴと戦った第二次ポエニ戦争（紀元前二一八～紀元前二〇一年）では、カンナエ（カンネー）の戦い（紀元前二一六年）とそこでの包囲殲滅戦略で有名なカルタゴのハンニバル・バルカの戦い方へのファビアスの対抗戦略（持久戦略、「ローマの盾」）は、やはりローマ人の戦い方及び戦士精神に反するものとして、厳しく批判された。

　しかし、ローマはこうした一見「消極的」とも思える戦い方を用いて、カルタゴに勝利したのである。そしてデルブリュックは、こうした史実を引用することでフリードリヒ大王が実践した「消耗戦略」の妥当性を論じたのであるが、これは、彼が意識的に用いた比較歴史学の一例であろう。

第一次世界大戦の戦争指導をめぐって

結局、この論争には決着が付かず、その対立の構図だけが一九一四～一八年の第一次世界大戦に、さらには大戦後にまで持ち越されたが、そこでは大戦中のドイツ軍最高統帥部――とりわけパウル・フォン・ヒンデンブルクとルーデンドルフによる「第三次最高統帥部」――の戦争指導をめぐって改めて論争が展開された。

ここでのデルブリュックの論争の相手は、第一次世界大戦中は一九一六年以降のドイツ軍最高統帥部そのものであり、戦後はルーデンドルフに代表されるいわゆる「シュリーフェン派」の軍人及び軍人歴史家であった。

例えばデルブリュックは、その著『ルーデンドルフの自画像』で、ルーデンドルフは軍人ではあったものの戦略家ではなかった、と厳しい評価を下している。政治と戦争もしくは軍事が相互に作用する領域で、ルーデンドルフは適格性に欠けたとの意味である。

「かつてオットー・フォン・ビスマルクと大モルトケという二人の人物がドイツ帝国を構築したのと同様、アルフレート・フォン・ティルピッツとルーデンドルフという別の二人の人物がそれを崩壊させた。とりわけルーデンドルフは『協調による平和』を征服戦争へと変え、戦争指導とは何かを理解せず、ドイツ皇帝に反抗し、ついにドイツ帝国を自滅させる革命を引き起こした」のである。

さらにデルブリュックは、仮に一九一四年七月にドイツが異なる政治方針を用いたとしても、おそらく戦争は回避できなかったであろうが、仮に第一次世界大戦での戦争指導をルーデンドルフ以外の人物が担当していれば、違った形でこの大戦を終結できたであろう、とも述べている。

確かに、ルーデンドルフはアルフレート・フォン・シュリーフェンなどと同様、「軍事テクノクラート」に過ぎなかった。興味深いことに、第一次世界大戦でルーデンドルフと対決したフランス軍人フェルディナン・フォッシュ（本書第三章を参照）も、ルーデンドルフを「極めて優秀な参謀将校ではあるが、それ以外の何者でもない」と的確に評価している。

こうした批判に対してルーデンドルフは、デルブリュックが軍事問題について何も理解しておらず、歴史家ですらないと反論したが、やはりここでも感情的な反発が際立っている。

だが、今日から振り返れば、可能な限り客観的かつ学問的な歴史の記述を心掛けたデルブリュックと、自らの正当化や政策提言を主たる目的としたゴルツに代表される軍人及び軍人歴史家との論争など、所詮は不毛な――論争の名に値しない――ものであったように思われる。

「近代軍事史（学）」の確立に向けて

「近代軍事史（学）」の確立を模索したデルブリュックは、多くの問題に直面した。また、大学のカリキュラムに軍事史を加えるとの彼の希望が叶えられることはなかった。

だが、それにもかかわらず、学問体系としての軍事史の確立に努め、その中で戦争指導や政軍関係のあり方について深く追究したデルブリュックの研究に対する姿勢、そして彼が示した歴史観及び戦争観は、今日でも参考となる点が多い。

実際、ある歴史家はデルブリュックが確立させた「近代軍事史（学）」の特徴を次の四点に集約する。

すなわち、①「近代軍事史」は、軍事的事象を政治、経済、社会の当たり前の側面として適切な位置に概念化した、②「近代軍事史」は軍隊の物質及び技術的側面に言及、これを分析した。士気や発想（戦術）を軽視するわけではないが、戦争において何が実質的に可能で可能でないかを、注意深く仕分けした、③「近代軍事史」は普遍的であり、戦争と平和における軍隊について比較する手法で、さらには枠組み（パラダイム）を駆使した手法で、時間、空間、文化を超越した分析を行った、④「近代軍事史」は公的な言説（ディスコース）の一部であり、その参加範囲は大学、現役及び退役軍人、メディア、教育を受けた一般の人々、などが含まれる（アルデン・ブチョルズ）。

四　デルブリュックと第一次世界大戦

春季攻勢が意味するもの

一九一八年、ドイツ軍による西部戦線での春季攻勢における緒戦の成功を受けてデルブリュックは、「軍事的には華やかな報せであるものの、そのために払った膨大な犠牲者数に接して、私の情熱は消え失せてしまった。こうした戦術的な勝利は、我々を戦略的な敗北の道へと押しやる」と批判した。

確認するが、デルブリュックの確信は、この大戦ほど自らが理想とする「政治による戦争指導」と実際の「軍事による政治指導」との落差（ギャップ）が顕著であった事例はない、とする点であった。

デルブリュックの政策提言

ではより具体的に、『プロイセン年報』などで示された第一次世界大戦をめぐるデルブリュックの立場を整理しておこう。

第一に、デルブリュックはドイツが敵の同盟体制を破壊することに集中し、イギリスとフランスの政治的な離反を図るべきであると唱えた。

同時に、この敵の同盟強化を何よりも懸念した彼は、ドイツ海軍による無差別潜水艦作戦に強硬に反対した。なぜなら、これを口実としてアメリカがこの大戦に参戦する可能性が高く、仮に同国が参戦すれば、ドイツが勝利する可能性は殆どなくなるからである。

第二に、デルブリュックは敵の完全な殲滅を目指す軍事戦略に反対した。

例えばかつてナポレオンは、フランス革命戦争及びナポレオン戦争の緒戦で圧倒的な軍事的勝利を得た結果、「成功の極限点」（エドワード・ルトワック）を踏み越え、和平への機会を逃したばかりでなく、逆に、敵側の抗戦意志と同盟体制を強化させ、結局は敗北へと追い込まれた。仮に、ドイツが戦場で圧倒的な軍事的勝利を収めたとしても、ヨーロッパ大陸での同国の覇権確立を他のヨーロッパ諸国、とりわけイギリスが認めるはずはなく、却って戦争の長期化に繋がってしまう。

第三に、第一次世界大戦を通じてデルブリュックは、ドイツには中立国ベルギーを併合する意図がない旨を国際社会に対して宣言するよう、また大戦が終結次第、同国がベルギーから無条件に撤退する旨を宣言するよう、提言を続けた。

彼は、ドイツがヨーロッパ大陸で領土的野心を有する限り、戦争の終結は不可能であることを理解していた。

第四に、戦争の道義的側面への配慮が当時の「時代精神」になりつつあると認識したデルブリュックは、ドイツによる占領地域の強硬な「ドイツ化政策」を控えるよう主張した。なぜなら、仮に同国が他民族に対する圧政者と見られれば、国際社会で孤立し、中立諸国からの支持すら得られないからである。

第五に、一九一八年春にドイツ軍が実施した軍事攻勢――「カイザーシュラハト」――についてデルブリュックは、たとえこの攻勢が成功しても、この大戦を真の意味での勝利へと導く政治的意味を持ち得ないと考えた。

この攻勢は、敵を和平交渉の席に誘い出すための、より広範な政治攻勢の一端を担うべきであったのである。

こうしたデルブリュックの提言に対し、実際にドイツの指導者がいかなる戦争指導を行い、第一次世界大戦がいかなる結果をもたらしたかについて詳述する必要はないであろう。ここでは、①ドイツの無差別潜水艦作戦がアメリカ参戦の大きな要因となった事実、②主としてベルギーに対するドイツの強硬な政策の結果、イギリスとフランスは決して和平交渉に応じようとしなかった事実、を指摘するだけで十分である。

政軍関係研究の登場

確認するが、第一次世界大戦後のデルブリュックは、この大戦中のドイツの戦争指導のあり方について改めて問題を提起し、『ルーデンドルフの自画像』などを通じて同国の指導者を厳しく批判した。

デルブリュックが容赦なく批判し、激しい論争を展開したルーデンドルフの戦争観については、本書の第四章を参照してもらうとして、デルブリュックとルーデンドルフの論争に通底する問いは、誰が戦争を指導すべきなのか、つまり、今日で言う政軍関係のあり方をめぐる対立であった。

ルーデンドルフが、いわゆる総力戦の時代を迎えたからこそ軍人が戦争を指導すべきと考えた一方、デルブリュックは、クラウゼヴィッツの戦争観を継承しながら政治（家）による戦争指導を唱えるに至った。

この考え方はその後、例えば英語圏を中心とする今日の文民政治指導者を頂点とした政軍関係の概念――文民統制（シビリアン・コントロール）――へと発展する。

確かに、戦争指導あるいは政軍関係という概念が世界各国でとりわけ注目を集め始めたのは、第一次世界大戦前後であることは疑いなく、当時のフランス首相ジョルジュ・クレマンソーが、「戦争は将軍だけに任せておくにはあまりに重大な企て（ビジネス）である（War is too serious a business to be left alone to generals.)」との認識の下、戦争全般の指導は国家政策の頂点に立つ文民政治家が自ら行わなければならないと考えたことが大きな契機となった。

つまり、総力戦の時代だからこそ文民政治家が戦争を指導すべきとの認識であり、これはルーデンドルフの戦争観とは正反対の立場である。

そして、ここから文民政治家による戦争指導のほぼ同義として、当初は「高級戦略」、その後は「国家戦略」や「大戦略（グランド・ストラテジー）」といった概念が登場してくるのである。なお、第二次世界大戦（太平洋戦争）前の日本では、ルーデンドルフもしくはドイツの戦争観が圧倒的に主流であった。

おわりに

なるほどデルブリュックは、第一次世界大戦末期に文民統制の必要性を唱えたものの、それは大戦でのドイツの戦争指導があまりにも酷いと考えた結果であり、それにもかかわらず彼は、ドイツの帝政とその伝統的な軍人階級の優秀さを最後まで固く信じて疑わなかった。

だが、こうした事実を踏まえた上でもなお、「近代軍事史（学）」の確立、さらには戦争指導や政軍関係をめぐる学術研究の進展に対するデルブリュックの貢献は、極めて大きい。

興味深いことに、第二次世界大戦後のドイツ（西ドイツ）ではデルブリュックの再評価が行われている。実際、「ドイツ軍事史社会科学研究所」という政府系シンクタンクは、その運営方針の大きな基盤として、真摯に歴史と向き合ったデルブリュックの研究姿勢とその精神を位置付けているという。

本章の参考文献

Gordon A. Craig, "Delbrück: The Military Historian," in Peter Paret, ed., *Makers of Modern Strategy: from Machiavelli to the Nuclear Age* (Oxford: Clarendon Press, 1986)（ゴードン・クレイグ「デルブリュック――軍事史家」ピーター・パレット編、防衛大学校「戦争・戦略の変遷」研究会訳『現代戦略思想の系譜――マキャヴェリから核時代まで』ダイヤモンド社、一九八九年）

戦略研究学会編集、小堤盾編著『戦略論大系⑫ デルブリュック』芙蓉書房出版、二〇〇八年

H・U・ヴェーラー編、ドイツ現代史研究会訳『ドイツの歴史家』未來社、第3巻、一九八三年

マイケル・ハワード著、奥村房夫、奥村大作訳『ヨーロッパ史における戦争』中公文庫、二〇一〇年

B・H・リデルハート著、市川良一訳『リデルハート戦略論――間接的アプローチ』原書房、上下巻、二〇一〇年

三宅正樹、石津朋之、新谷卓、中島浩貴編著『ドイツ史と戦争――「軍事史」と「戦争史」』彩流社、

二〇一一年
石津朋之著『軍事史としての第一次世界大戦――西部戦線の戦いとその戦略』中央公論新社、二〇二四年
ジュリアン・スタフォード・コーベット著、エリック・グロゥヴ編、矢吹啓訳『コーベット 海洋戦略の諸原則』原書房、二〇一六年
エーリヒ・ルーデンドルフ著、伊藤智央訳・解説『ルーデンドルフ 総力戦』原書房、二〇一五年
トゥキュディデス著、小松晴雄訳『歴史』ちくま学芸文庫、上下巻、二〇一三年
ヴィクター・デイヴィス・ハンセン著、遠藤利国訳『古代ギリシアの戦い』東洋書林、二〇〇三年
ハリー・サイドボトム著、吉村忠典、澤田典子訳、澤田典子解説『ギリシャ・ローマの戦争』岩波書店、二〇〇六年
エイドリアン・ゴールズワーシー著、遠藤利国訳『古代ローマの戦い』東洋書林、二〇〇三年
ウィリアムソン・マーレー、マクレガー・ノックス、アルヴィン・バーンスタイン編著、石津朋之、永末聡監訳、歴史と戦争研究会訳『戦略の形成――支配者、国家、戦争』ちくま学芸文庫、上下巻、二〇一九年
Hans Delbrück, *Geschichte der Kriegskunst im Rahmen der politischen Geschichte*, 4 Bände. (Berlin: Walter de Gruyter, 1962–66)
Hans Delbrück, *Ludendorffs Selbstporträt* (Berlin: Verlag für Politik und Wirtschaft, 1922)
Hans Delbrück, *Krieg und Politik*, 3 Bände. (Berlin: Georg Stilke, 1918)
Hans Delbrück, edited and translated by Arden Bucholz, *Delbrück's Modern Military History* (Nebraska: University of Nebraska Press, 1997)

Arden Bucholz, *Hans Delbrück and the German Military Establishment: War Images in Conflict* (Iowa: University of Iowa Press, 1985)

Arden Bucholz, "Hans Delbrück and Modern Military History," *The Historian*, 55 (March 1993), pp. 517–26.

Azar Gat, *The Origins of Military Thought from the Enlightenment to Clausewitz* (Oxford: Clarendon Press, 1989)

Azar Gat, *The Development of Military Thought: The Nineteenth Century* (Oxford: Clarendon Press, 1992)

Sven Lange, *Hans Delbrück und der Strategiestreit. Kriegführung und Kriegsgeschichte in der Kontroversie* (Freiburg im Breisgau: Rombach, 1993)

第六章　アルフレッド・セイヤー・マハン

——海軍戦略の提唱者

はじめに

アメリカの海軍戦略思想家アルフレッド・セイヤー・マハン（一八四〇〜一九一四年）は、今日の海軍戦略を構築した創始者の一人である。

だが、同時代の政策提言を積極的に実施したマハンについては、実はあまり知られていない。おそらく、彼の政策提言には今日では殆ど妥当性や有用性を備えていないからであろう。実際、彼は自らが唱える政策を正当化するために歴史をいわば乱用したのである。

本章では、戦略思想家としてのマハンと母国アメリカの海軍政策に対する提言者としてのマハンの双方に焦点を当て、その妥当性と問題点について考える。

併せて、マハンが必ずしも注目していなかった通商破壊戦争や潜水艦の運用方法、「弱者の戦略」についても触れてみたい。

一　「アメリカの世紀」の到来

マハンとその時代

アルフレッド・セイヤー・マハンは、コロンビア大学とアメリカ海軍兵学校（アナポリス）で学んだ後、海軍軍人としての実務を経て海軍大学校教官を務めた。その後、海軍大学校の第二代校長に就き、積極的に執筆及び講演活動を続けた。

父デニス・マハンは、長年にわたってアメリカ陸軍士官学校で教鞭を執ったが、彼はスイスの戦略思想家アントワーヌ・アンリ・ジョミニ（本書第二章を参照）のいわば信奉者であり、アメリカにおけるジョミニの解説者であった。

アルフレッド・セイヤー・マハン（1840～1914）。アメリカの海軍戦略思想家。古典的な海軍戦略を展開した『海上権力史論』は世界各国で研究されている。

教官時代のデニス・マハンは、陸軍戦略――とりわけジョミニ――に大きな関心を示し、ナポレオン・ボナパルトの戦い方を高く評価した。その影響もあってか海軍戦略思想家マハンの論述にもジョミニの影響が色濃く見受けられる。

事実、アメリカ南北戦争（一八六一～六五年）での南北両軍の将軍の殆どはデニス・マハンの教え子であったとされ、

「将軍の大半は片手にサーベルを、そしてもう片手にはジョミニの『戦争概論』を持って戦った」と言われたほどである。

父デニスと同様にマハンは、いわゆる「アームチェア・ストラテジスト」であった。実戦経験と呼べるものは殆どなく、海軍軍人としての適格性を有していないと批判されたことさえある。

マハンの唯一の実戦経験は、アメリカ南北戦争で北軍大西洋艦隊の蒸気船「コルベット」に乗艦し、メキシコ湾で海上封鎖任務に当たっただけである。他方、彼は遠洋航海や海外駐在の経験は豊富で、こうした経験が自らの思想形成に寄与したことは疑いない。

興味深いことに、マハンは当時、北軍が勝利した最大の要因を北軍海軍による南部の「海上封鎖」であったと考えていたが、残念ながらこうした考察は、彼のその後の著作に殆ど反映されていない。

一八八六年初旬、マハンは陸軍戦略を海軍に応用する目的でジョミニの『一七九二～一八〇一年のフランス革命戦争の批判軍事史』(全五巻)と『戦争概論』を精読したとされる。おそらくこの時点で、マハンに対するジョミニの影響は決定的なものになったのであろう。

実際、マハンは歴史研究、とりわけ戦争の歴史の研究を通して、一定かつ不変の原理及び原則を導き出そうと試みた。すなわち、「また、不変で普遍的に適用されるための一般原則と言って良いようなある種の教訓があることを歴史は教えている。兵器の変化や状況の変化にもかかわらず、変わらない原則が戦略にはある。条件と武器は変化する。しかし、条件に対処し、武器を巧みに活用するには、不変の歴史の教訓を尊重しなければならない。過去の歴史を研究すれば、成功と失敗の中に原則が見出せる。また、歴史を研究すれば、『国の海上権力（シー・パワー）を建設し、支援し、増大することを目的とするものが平時の海軍戦略である』との事実が理解できる」。

他方で、本書第二章で述べたジョミニの戦略思想の問題点は、そのままマハンの問題点になる。

意外にも思えるが、この時期のアメリカ海軍の中核的な任務は、アメリカ大陸の東西沿岸防衛と敵の通商破壊だけであった。こうした方針を改め、海軍の存在意義を制海権の獲得とした上で、そのために必要な海軍建設を目指した最初の海軍長官が、ベンジャミン・トレーシーであった。

トレーシーはこうした目的のために創設されたばかりのアメリカ海軍大学校を積極的に活用すると共に、初代校長スティーブン・ルースや第二代校長マハンを重用した。アメリカで海軍大学校創設の道を開いたのが、ルースであった。

国家主義者、大海軍主義者、帝国主義者

マハンは一八七九〜一九一四年までの間に著書を二〇冊、論考を一三七本発表したとさ

れるが、第二六代アメリカ大統領セオドア・ルーズベルトもまた、同時期に三八冊の著書を刊行したとされる。また、ヘンリー・ロッジはアメリカ上院議員として同国の外交政策に多大な影響を及ぼした人物であるが、彼もまた多くの著書を世に問うている。

こうして、マハン、ルーズベルト、ロッジの三人は、当時のアメリカ外交及び同国の海軍政策を牽引することになる。

詳しくは後述するが、マハンは多くの論考を発表し、その後、それらの殆どを著書としてまとめて出版している。これに、いわゆる書き下ろしのものを含めれば、年にほぼ一冊のペースで著書を出版したことになるという。そして、こうした著書の多くは、一般国民の啓蒙を目的としたものである。その具体的内容も、多くはいわゆる時事論評であるが、こうした論評からマハンの政策提言の内容が理解できる。

そうした中マハンは、ジャーナリズムという舞台で、国家主義者、大海軍主義者、帝国主義者、としての名声を確固としたものにした。

彼が執筆活動を本格化した一八七〇年代は、アメリカ海軍のいわば低迷期と重なる。多数の犠牲者を出したアメリカ南北戦争終結後、同国は国内の復興に大きな比重を置いた。その結果として、西部フロンティアの開拓やそのための鉄道建設――いわゆる「西漸運動」――が優先され、対外的な発展に関係が深い海軍は軽視された。

実際、当時のアメリカ海軍の任務は、前述のように沿岸防衛と限定的な通商破壊に留まっており、平時は小規模の海軍を維持し、戦時にはこれを私掠船などによって補うとの方針であった。そしてこうしたアメリカ海軍の実状は、マハンの戦略思想に大きな影響を及ぼしたとされる。奇遇にも彼の主著『海上権力史論』が出版された一八九〇年は、アメリカがフロンティアの消滅を宣言した年でもあった。

マハンの世界観

基本的にはマハンは、大海軍主義者であった。

実際、彼は自らを帝国主義者と認め、アメリカの海外進出及びそのために必要とされる海軍のイデオローグもしくはプロパガンディストとして活動し、同国の拡張主義的な政策を正当化する目的で当時の「時代精神」――社会ダーウィニズム、人種主義、「白人の明白なる使命（マニフェスト・デスティニー）」、黄禍論――などを、時として相矛盾する形で援用している。

麻田貞雄によれば、マハンが執筆した二三冊（この数字は前述のものとは異なる）もの著書の中で、歴史や伝記が約半数の一一冊を占め、純粋な戦略理論は一冊――後述の『海軍戦略』――のみ、自叙伝と宗教に関する考察がそれぞれ一冊、そして残りの九冊では時事評論を中心とした多岐にわたる問題が扱われている。政策提言者としてのマハンの論点は、この九冊の中で鮮明に示されている。

当時、マハンが高く評価された一つの理由は、母国アメリカはもとより、イギリスやドイツに代表されるヨーロッパ諸国の時代状況――政治的要請――に彼の海軍戦略思想が合致したからである。上手く時流に乗ったとも言えよう。例えば、マハンの大海軍主義は、一八八〇年代からアメリカ海軍や同国議会で唱えられていた新たな海軍建設論を正当化する根拠を提供した。

またマハンは後年、ソ連海軍のセルゲイ・ゴルシコフにも大きな影響を及ぼしたとされる。事実、ゴルシコフは「ソ連のマハン」との異名を取ったが、これも、マハンの戦略思想が海軍の拡張政策を掲げた当時のソ連の国家戦略に沿ったものであったからである。

二　シー・パワーを考える

シー・パワーの歴史

海上での戦いの歴史は古くから続いているが、それは櫓（ろ）（櫂（かい））や帆（ほ）を用いた船を中心としたものであり、陸地を片側に見ながらの戦いであった。河川や運河での戦いも多かった。基本的には波任せで風任せであり、これでは作戦計画や戦略など立案し得なかった。不確実な要素があまりにも多かったからである。

その意味において真にシー・パワーの時代と呼べるのは、一九世紀後半から二〇世紀前半にかけての時期からであった。すなわち、内燃機関や装甲艦及び鋼鉄艦といった軍事技術の発展の結果、真の意味での海軍と海軍戦略が登場するのである。

事実、マハンとほぼ同時代のイギリスの地理学者ハルフォード・マッキンダーの危機感にはこうした当時の状況が大きく反映されている。

だが、マッキンダーの世界観は二〇世紀が逆にランド・パワー（大陸国家）の時代であるというものであった。それまではシー・パワーが優位であったのに対して、鉄道に象徴される技術の発展によってランド・パワーの人員や物資の輸送が容易になった結果、「ハートランド」（ユーラシア大陸の心臓部）を支配する国家が母国イギリスの脅威となると考えたからこそマッキンダーは、イギリスを中心とするシー・パワーの同盟による封じ込めを強く唱えたのである。

マッキンダーのさらなる世界観は、マハンと同様に全世界が閉鎖された一つの空間になりつつあるというものであった。全世界が一つの閉鎖された空間になりつつあるということは、イギリスの伝統的な外交政策である「光栄ある孤立」が意味をなさなくなったことを示唆する。かつてローマ帝国が地中海を「閉鎖海（クローズド・シー）」としたように、ユーラシア大陸に出現するであろう強大なランド・パワーが世界の海洋全体を閉鎖海にする可能性が高いとマッキンダーは考えたのである。

前述したように、それまでの海軍は、端的に言えば波任せであり風任せであった。それが軍事技術の発展の結果として、ある程度、時間や速度、さらには距離が予測できるようになったため、作戦計画の立案や海軍戦略の策定が現実的なものになったのである。

併せて、マハンの生きた時代は、アメリカ南北戦争後の西部フロンティア開拓時代、さらにはそのフロンティアが消滅した時期と重なる。つまり、アメリカは同大陸内での繁栄を享受することで満足するのか、それとも太平洋を新たなフロンティアにするのか、といった国家政策の大きな分岐点を迎えていたのである。その意味においてマハンは、まさに時代の「申し子」であった。

シー・パワーをめぐる定義や概念

最初に、簡単に言葉や概念の定義を整理しておこう。

第一に、「ネイヴァル・パワー」は、海軍（navy）から派生した語であるため、これは軍事力としての海軍を意味する。第二の「マリタイム・パワー」は、海洋（marine）全般に関わる言葉であり、そこには海洋資源なども含まれる。

最後にマハンが用いた「シー・パワー」であるが、彼によればこの言葉は、海軍力のみならず、海運業、商船隊、海外基地、海外市場（当時は植民地）、といった意味を含んだ包括的な概念であった。

実はシー・パワーという言葉は、マハンがその著『歴史に及ぼしたシー・パワーの影響一六六〇〜一七八三年（*The Influence of Sea Power upon History: 1660-1783*）』（一八九〇年：邦訳『海上権力史論』。本章ではこの表題で統一）で初めて用いたキャッチフレーズであった。いわゆる造語である。その目的は、自らの議論に人々の注目を集めることであり、ここに、イデオローグもしくはプロパガンディストとしてのマハンの才能の一端がうかがわれる。

確認するが、マハンがシー・パワーという言葉を用いたのは、人々の注目を集めたかったからである。シー・パワーはネイヴァル・パワーよりも広義で、単に海軍力に留まらず海洋全般に関わる力(パワー)の基盤をなす海運業や商船隊、また、その拠点として必要な海外基地及び海外市場（植民地）などを含む包括的な概念、さらに単純化すれば、生産、海運、市場の三つが結び付いた海上の力である。

それでは、より具体的にマハンの唱えた発想や概念について考えてみよう。海軍戦略思想家としてのマハンの論述には、今日においても妥当かつ有用な内容が多々含まれている一方、マハンの同時代の政策提言は、その時々の必要性に合わせたものが多く、今日ではほぼ陳腐化している、というのが本章の結論である。

三　海軍戦略思想家としてのマハン

『海上権力史論』の要点

海軍戦略思想家としてのマハンを知るためには、何よりもまず彼の主著『海上権力史論』の内容を検討する必要がある。

彼は『海上権力史論』で帆船時代の海軍の歴史を分析しており、とりわけイギリス海軍の歴史に注目した。

興味深いことに、マハンが生きた時代には海軍に大きな技術革新が起こり、蒸気機関の力によって風向きに左右されることなく航海可能な艦艇が登場した。また、強力な火砲と装甲を備えた艦艇が建造された時期にもかかわらず、彼はあえてこうした最新の技術に注目することはなかった。おそらくマハンは、技術の及ぼした影響にはあまり関心がなく、より本質的な戦略をめぐる問題を重視したかったのであろう。

事実マハンは、その重要性に反して多くの歴史家が海上での戦いやその戦略について十分に分析していないと批判する。そして、かつて世界の覇権を確立した国家がいかに海洋を支配していたかという問題を、自らの研究テーマとしたのである。

『海上権力史論』でマハンは、海洋の自立性を強調する。つまり海洋は、偉大な「公路」であるという事実、陸路と比べて海上輸送の優位性が極めて大きいという事実、である。

彼によれば、大量の物資の運搬を可能とする海上輸送こそが海上での戦略の本質であり、海上交通路の防衛こそが「通商保護のために存在する」海軍力の最も重要な役割である。とりわけイギリスの歴史は、海上交通路の維持が同国の覇権に決定的な影響を及ぼした事実を証明している、とマハンは考えた。

生産、海運、市場

こうしてマハンは、イギリスが強大な帝国となり得た原因を「シー・パワー」に求めたのである。

シー・パワーは、生産、海運、市場を結び付ける環であり、それは「武力によって海洋ないしその一部を支配する海上の軍事力のみならず、平和的な通商及び海運をも含んでいる」。生産、海運、市場――この三者の中に、シー・パワーの戦略及びその繁栄を解き明かす鍵がある、とマハンは考えたのである。

そして、シー・パワーを規定するのは必ずしも軍事力ではなく、地理的位置、地勢、領土の広がり、人口数、国民の性質、政府の性質、といった国力の総体であり、この事実はあらゆる時代に共通すると考えた。

イギリス帝国は19世紀半ばから20世紀初頭にかけて国力を高めた。その繁栄ぶりは「パクス・ブリタニカ」と称され、小さな島国ながらも世界の４分の１を支配した。

マハンの歴史の捉え方は、同時代の歴史家と比較してかなり独特である。

例えば彼は、アクティウム海戦（紀元前三一年）、第二次ポエニ戦争（紀元前二一八～紀元前二〇一年）、レパント海戦（一五七一年）、ジブラルタル包囲（一七七九～八三年）、ナイル海戦（一七九八年）、トラファルガー海戦（一八〇五年）などから自らの理論を導き出している。

今日からみれば、地域や文化、社会状況や歴史などが全く異なった海上での戦いを事例としてある理論を導き出そうとするのは、少々乱暴なやり方であろう。しかし、おそらく彼は、シー・パワーの普遍性により重点を置いたのであろう。

さらにマハンは『海上権力史論』で、「戦術は、人が作った武器を道具として使うものであり、世代から世代へと人類が変化し進歩するのに伴って変化し進歩する。戦術という上部機構は時々変えるか、あるいは全面的に打ち壊さなければならないが、戦略という元からある基礎は、あたかも岩石の上に築かれたかのように今日までそのまま残っている」と指摘したが、これは戦争における原理及び原則の重要性を確信する彼の歴史観を見事に示している。

また、以下のような記述も興味深い。すなわち、「ここで取り上げた考察や諸原則は万物の不変の理法であり、その因果関係は古今を通じて常に同じである。つまり、これら戦略原則は、いわばその普遍性が今日喧伝されたところの『自然の秩序』に属するのである」。

マハンはさらに同書で、三次にわたる英蘭戦争（一七世紀後半）、イギリスとルイ一四世との戦い（一七世紀後半～一八世紀初頭）、七年戦争（一七五六～六三年）、アメリカ独立戦争（一七七五～八三年）といった事例を取り上げているが、残念ながら同書では、こうした戦争の海上での戦いの側面についてだけしか論じていない。

加えて、実際にイギリスの世界規模の覇権確立を可能にしたのは、同国の国家戦略もしくは外交政策に負うところが大きく、主として外交によって海上交通路を支配したからである。マハンは、この決定的な事実を完全に見落としている。

艦隊決戦に向けて

マハンの艦隊決戦主義への傾斜は『海上権力史論』の以下の論述に見事に表れている。

海戦の真の目的が敵海軍に勝利し、海を支配することにあるのであれば、あらゆる場合、敵の軍艦と艦隊こそが攻撃の真の対象である。（中略）海戦の真の目的が敵の海上勢力を破壊し、敵の海外領土（植民地：引用者註）との連絡を途絶し、その通商による富の源泉を枯渇させ、敵の港湾の封鎖を可能にすることにあるのであれば、攻撃の対象は、海上にある敵の組織された軍事力、つまり敵艦隊でなければならない。一旦宣戦すれば、戦闘は攻勢的かつ攻撃的に遂行しなければならない。敵の打撃をかわすことなどあってはならず、打ち砕くべきである。

このように彼にとって海上での戦いの目的は、決戦における敵の全面的な殲滅である。彼の海軍戦略思想は制海権を絶対視する。そして、味方の艦隊の集中によってこそ、敵艦隊を殲滅することが可能となる、と唱えたのである。

その一方でマハンの『海上権力史論』には、一般的な認識とは大きく異なり、海上交通路の重要性に比べて艦隊決戦をあまり重視していない個所も散見される。なぜなら、彼は主として総合的な国力とシー・パワーの関連性に関心を示していたからである。その意味では、マハンの艦隊決戦主義を過度に強調するのもまた誤りなのであろう。

時流に沿った著作

基本的に『海上権力史論』は、海軍戦略思想家マハンを象徴する著書であるが、残念ながら同書は後年、アメリカの大海軍主義や帝国主義的な海外進出の理論的根拠となってしまった。

また同書は、イギリスの大海軍主義者及び帝国主義者にとっても、極めて受け入れやすい著書であった。なぜなら、一九世紀初頭のナポレオン戦争でイギリスに勝利をもたらしたものは、ワーテルローの陸上での戦い（一八一五年）ではなく、その一〇年前のトラファルガー海戦（一八〇五年）であったと論じられていたからである。この結果、とりわけイギリスの大海軍主義者の自尊心をくすぐり、ドイツとの海軍建艦競争のための予算を正当化する理論的根拠となった。

マハンのこうした歴史の単純化あるいは乱用は、ほぼ同時代のもう一人の海軍戦略思想家ジュリアン・コルベット（後述）の歴史の捉え方、歴史に向き合う姿勢とは対照的である。

制海権について

『海上権力史論』でマハンが、「制海（権）」という概念を唱えた事実は広く知られている。

これは、ある国家の興亡が世界の「公路」（あるいは「公道」）である海洋の支配と密接に関係しているとの認識の下、海洋における恒久的なシー・パワーを確立すること、すなわち制海権を確保することが国家の繁栄の源泉であるとするものである。

マハンは制海権を、「敵艦隊を駆逐あるいは敗北させ、広大な共通の海（公海）を支配することにより、敵国の沿岸へと通商物資を運ぶ海上交通路を閉鎖してしまう圧倒的な力」とした。

そして、制海権の獲得こそがイギリスが繁栄した秘密であり、また、当時のアメリカに求められているものである、と彼は考えた。シー・パワーを確立することで資源の乏しいイギリスが大英帝国を構築できたのであり、逆にフランスのヨーロッパ大陸政策への過度な執着が、同国の海外を中心とする商業的発展を阻害したとの認識である。

そしてマハンは、今後のアメリカはイギリスと同じ道を歩むべきであり、フランスと同じ道を歩めばその繁栄は約束できないと主張した。

マハンとテオドール・モムゼンの歴史観

実はマハンの制海権の概念は、ドイツの歴史家テオドール・モムゼンの著『ローマの歴史』から強く影響を受けた結果であるとされる。確かに、同書には海の統制——制海権——をめぐるローマとカルタゴの対立が描かれている。

そして、三次にわたるポエニ戦争（紀元前三〜紀元前二世紀）でカルタゴが地中海の制海権を維持できなかった事実が、同国がローマに敗北した真の原因ではないかという問題意識から、マハンは制海権の重要性を認識するに至ったとされる。

加えて、彼は『海上権力史論』で近代イギリスが制海権を確立していた事実にも大きく注目していた。ローマは制海権によってカルタゴに勝利したが、近代イギリスとフランスをめぐる考察にも同様の比較が可能である、と考えたのであろう。モムゼンの著書から彼は、イギリスがフランスに優越したのは制海権の有無が関係すると推測した。さらにマハンは、フランス革命後のナポレオンがイギリスに勝利できなかった理由もまた、制海権を獲得できなかった事実に起因すると考えた。

シー・パワーに及ぼす「六つの要素」

マハンが『海上権力史論』で示したもう一つの興味深い論点は、国家のシー・パワーに及ぼす「六つの要素」についてである。

すなわち、①地理的位置、②地勢（産物や気候を含む）、③領土の広がり、④人口数、⑤

国民の性質、⑥政府の性質（国家の制度を含む）、である。

地理的位置についてマハンは、島嶼国家は大陸国家と比べて海上での発展と海外領土の拡大に資源を集中させる傾向が強いとする。地勢や領土の広がりについて彼は、例えばある国家の海岸線の形状が海上交易への接近の難易度を規定すると唱えた。

また、人口数と国民の性質でマハンは、特に海運や漁業のような海上での活動に従事する人口を重視すると共に、これに対する国民の志向を問題にしている。また、海上や植民地における自国民の活動を積極的に支援する政策の存在が、その国家を世界規模な勢力にまで高める最大の要因であるとする。これがマハンの言う政府の性質である。

そこには、一八～一九世紀のイギリスとフランスの対立で、仮にフランスが国家としての明確な方針を示していれば、イギリスと肩を並べる海洋覇権を確立することが可能であったとの、マハンの歴史認識がうかがわれる。

実はこうした六つの要素は、必ずしもマハンの独創ではなかったようであるが、国際政治学者ハンス・モーゲンソーの主著『国際政治——権力と平和』で示された国力の九つの要素——地理、天然資源、工業力、軍備、人口、国民性、国民の士気、外交の質、政治の質——に影響を及ぼしたことは事実である。

海軍戦略思想家としてのマハンのさらなる特徴として、決戦志向や戦力の集中など原理及び原則の重要性の強調が挙げられるが、前述したように、明らかにこれはジョミニの影響である。

四　原理及び原則の探求

『海軍戦略』の要点

何れにせよ、マハンの『海上権力史論』はアメリカ国内で高い評価を受け、彼は大きな名声を得た。アメリカ政府から直接意見を求められる機会も多くなった。やがてマハンは、母国アメリカだけに留まらず、イギリス、ドイツ、日本などでも広く知られる存在となった。

マハンは、『海上権力史論』で高い評価を受け始めてから、さらに実用的で今日的な海軍戦略を求められることになった。同時代のアメリカ海軍への具体的な提言である。

当時は、ドレッドノート級戦艦、さらに潜水艦や魚雷などが登場し始めていた。こうした状況の下、アメリカ海軍から直ちに役立つ海軍戦略を求められた結果として、『海軍戦略——陸上での軍事作戦の原則との比較及び対照（*Naval Strategy: Compared and Contrasted with the Principles and Practice of Military Operations on Land*）』（一九一一年：邦訳『海軍戦略』）

が出版された。

マハンは、以前から継続的にアメリカ海軍大学校で海軍戦略に関する講義を担当していたが、一九〇八年に従来の講義内容を大幅に変更したことに伴って、同書を完成させたのである。

その結果、同書は自らの講義内容を若干手直ししたものを中心に、既に発表済みの論考——時事論評及び政策提言——がほぼ無修正で所収されたため、特筆すべき新たな論点は見受けられない一方、著書としての一貫性が保てていない。端的に言って、失敗作である。

陸軍戦略の援用

『海軍戦略』で改めてマハンは、海上での戦いの事例から時代を超越した原理や原則を抽出する目的で多くの戦争を分析している。その中でも、ナポレオン戦争でのカール大公(オーストリア)の陸上での戦いと海上での戦いを比較し、その共通点及び相違点を見出そうとした点は興味深い。

一見すると、陸軍と異なり海軍は、地形や障害物などの影響を殆ど受けないと考えられる。だが彼は、海軍でも戦略的位置がその行動に決定的な影響を及ぼすと指摘する。さらに彼は、「集中」、「中央位置」、「内線」といった原理及び原則は、陸軍と同程度に海軍の戦略でも重要であると考えた。実際、マハンはジョミニの戦略思想からこうした示唆を得たのである。

こうしてマハンは、海軍戦略をめぐる「理論」を歴史から導き出そうとし、その後、これを同時代の自国のメキシコ湾及びカリブ海防衛に用いようとしたが、これでは相当の無理が生じることは想像に難くない。

マハンと日本海海戦

マハンはまた同書で、日露戦争で日本とロシアの双方が用いた海軍戦略を分析している。その中でも彼は、日本とロシアの艦隊が戦略目標に資源を集中し得たかとの問題を重視した。一般的に一九〇五年の日本海（対馬）海戦は、戦艦を中心とする艦隊決戦であり、日本海軍が一方的にロシア海軍を撃破したとされる。だが、興味深いことにマハンは、戦いそのものには殆ど関心を示しておらず、日本の勝利は戦略目標に資源を集中できた結果であると指摘した。

実は『海軍戦略』が出版された時期、マハンに対する世界的な評価が高まっていたのとは対照的に、母国アメリカでの彼の評価は決して高くはなかった。その理由の一つは、彼が最先端技術に対する理解に欠けていたからである。これでは、同時代の海軍戦略への提言など期待できるはずがない。

日本で広く知られるマハンのもう一つの著書としてこの『海軍戦略』が挙げられるが、

これに対してマハンは自ら「最低の出来」との評価を下している。

マハンへの高い評価

実は、同書には日本海海戦をめぐる論述があるため、日本での評価はさらに高まった。これは、東アジアの地政学について数多く論じたドイツの地理学者カール・ハウスホーファーの日本での評価に通じるものがある。

フリードリヒ・ラッツェルの「生存圏」（レーベンスラウム）やルドルフ・チェーレンの「自給自足」（アウタルキー）という二つの概念を基礎としてドイツにおける地政学（ゲオポリティーク）の発展に大きく寄与した人物がハウスホーファーである。

彼は第一次世界大戦後、戦争で弱体化したドイツ国家及び民族の再興を目的として、全世界を緯度と経度で四つの生存圏（「汎アメリカ」、「汎アジア」、「汎ユーラ・アフリカ」、「汎ロシア」）に分割、それぞれの生存圏をアメリカ、日本、ドイツ、ソ連が盟主として治めることを唱えたが、これが日本で高く評価されたのである。

マハンはまた、イギリスでもやや過大に評価された。なぜなら、とりわけ『海上権力史論』に代表される彼の著作は、イギリスのシー・パワーと大英帝国の繁栄を関連付けて論じていたからであり、帝国の衰退を強く意識し始めていたイギリス国民にとっては耳当たりの良い論述であったからである。

そうしてみると、ある一つの著書が評価される――受容される――か否かについては、その時代の状況、とりわけ「時代精神」に大きく左右されるのであろう。繰り返すが、日本ではマハンによる日本海海戦をめぐる論述が広く読まれた。またイギリスでは、同国の成功と繁栄がシー・パワーの結果であるとの彼の見解が無批判に受け入れられたのである。

マハンはマッキンダーとほぼ同時代に活躍した人物である。そして、マッキンダーと同様に彼のドイツ地政学に対する影響、とりわけハウスホーファーへの影響は、第一次世界大戦前の英独海軍建艦競争をめぐる論争などを通じて大きなものがあった。

事実、ドイツ皇帝ヴィルヘルム二世やアルフレート・フォン・ティルピッツ（大戦初期の海軍大臣）は、マハンの主著『海上権力史論』に大いに感化されていた。だからこそマハンは後年、クラウゼヴィッツと同様、この大戦の原因を作った思想家として、やや不当とも思える批判を受けたのである。

五　マハンとコルベット

コルベットの海軍戦略思想

では、マハンの思想をより明らかにするため、以下では、彼とほぼ同時代のイギリスの海軍戦略思想家ジュリアン・コルベット（一八五四〜一九二二年）の思想を概観し、この両者の違いを浮き彫りにしてみよう。

マハンと同様、コルベットも「制海」という言葉の意味するところを考えた。彼によれば制海とは、「商業目的であれ、軍事目的であれ、海上交通の支配に他ならない」。海上での戦いは、誰にも支配されていない海洋をめぐるものであるため、制海の問題は陸上での戦いにおける領土の占有と同列に論じることはできない。

コルベットにとって制海とは、「自らの目的を達成するために海洋を利用し、敵がこれを使用することを拒否する自由」を意味した。それは、相対性、不完全性、局地性、一時性、を特徴とする概念である。こうした認識の下から今日、「制海権」ではなく、「海上優勢」あるいは「シー・コントロール」といった用語が一般的になったのである。これは、「制空権」に対する「航空優勢」も同様である。

またコルベットは、軍種間の共同、あるいはいわゆる統合運用の重要性を指摘したとされる。マハンは陸軍力の重要性を認めるものの、海洋の支配をほぼ絶対視していた。他方、コルベットは海軍力の限界を認識していた。彼によれば、シー・パワーによってもたらされる効果も副次的なものに留まる。

事実、コルベットは海上での戦いを不可欠なものとは考えておらず、制海の確保でさえ、それが海軍力の唯一の目的であるとは捉えていない。

また、攻撃力としての海軍力に注目したマハンに対して、コルベットはむしろ防御の優位性を唱えた。彼は、海上での戦いにおける戦力の集中に対しても否定的であった。海軍は陸軍——当時はまだ空軍は存在しない——との緊密な協力なくして戦略的効果を生むことはできない。さらに海軍戦略は陸軍戦略（当時は、軍事戦略と呼称された）の一部であり、別個の存在ではあり得ない。こうした事実を踏まえてジョン・アーバスノット・フィッシャー（イギリス海軍第一海軍卿）は、「陸軍は海軍によって放たれる

ジュリアン・コルベット（1854〜1922）。イギリスの海軍史と海軍戦略を専門とした戦略思想家。『海洋戦略の諸原則』などを著した。

投射物(プロジェクタイル)である」と表現したのである。

統合運用の思想?

なるほど、こうした見解からコルベットの軍種間の共同あるいは統合運用の思想を読み取ることは可能である。

だが、コルベットの実際の論述は抑制的なものに留まっており、その意味では今日、彼はやや過大に評価されている。つまり、彼の戦略思想は今日の時代の要請、とりわけアメリカ海軍の戦い方に合致しているがゆえ、注目されているのである。そしてこれは、かつてのマハンと同様であり、戦略思想家のいわば宿命とでも言うべきものであろう。

実は、艦隊決戦との思想がマハン的であり、通商破壊戦争という思想がコルベット的との二項対立的な構図も正確ではない。改めて確認するが、今日のアメリカの国家政策あるいは同国海軍の戦い方に合致しているため、コルベットに対する評価が高いのである。

具体的には近年、「フロム・ザ・シー」や「フォワード・フロム・ザ・シー」、また対A2/AD(Anti-Access/Area Denial、接近阻止・領域拒否)といった海上から陸地に対する戦力投射能力が重視される時代状況において、コルベットの戦略思想がこれを正当化する目的で援用されるのである。

さらにサミュエル・ハンチントンに代表される冷戦初期のアメリカの専門家は既に、コルベットと同様の限定戦争、さらには、海上から陸地に向けての戦力投射を強く主張していた。そしてこうした議論は、当時の海軍不要論に対抗するために用いられた。

当然ながら、実際に前述の二項対立的な思想の大きな相違が、マハンとコルベットの間に存在するわけではない。さらに言えば、今後の時代状況や国際環境の変化によっては、再びマハンに注目が集まる可能性すらある。

コルベットの戦略思想のさらなる特徴として、クラウゼヴィッツとの類似性が挙げられる。その中でも、戦争の政治性に関するクラウゼヴィッツの見解、戦争は政治によって制限されるとのクラウゼヴィッツの見解は、決定的なまでにコルベットの戦争観に影響を及ぼしている。だからこそ彼は、しばしば制限戦争の主唱者として位置付けられるのである。

シー・パワーの将来像

また、冷戦後のシー・パワーの役割としては、コンテナとプラットフォームとしてのものしか残らないとのやや否定的な予測が示された一方、近年ではアクセス確保のための海洋秩序維持の重要性が指摘され、平時における海軍力の役割が再認識されている。

何れが妥当と認められることになるにせよ、こうした予測は、明らかにマハンの海軍戦略思想とは大きく異なるものである。

六　海上での戦いにおける「弱者の戦略」

以下では、フランスの「青年学派（ジュネコール）」の議論を紹介することによって、マハンの海軍戦略思想のさらなる問題点を浮き彫りにしてみよう。海上での戦いにおける「弱者の戦略」の可能性、つまり非対称戦争についてである。

「青年学派（ジュネコール）」

青年学派（本来は「新たな学派」の意味）は、一八七〇年代以降のフランス海軍内の一つの軍事戦略思想である。

この学派は魚雷の有用性を高く評価する一方で、多数の重砲を積んだ装甲艦優位の時代は終りを告げたと主張した。仮に同じ予算を用いるのであれば、軽砲と魚雷を装備した小型艦艇を多数保有する方が、重砲と厚い装甲で艤装した少数の装甲艦で編成される艦隊よりも、当時のフランス海軍にとっては意味を有すると考えたのである。その結果、もはや戦艦はフランス海軍には不要とさえ主張された。

そしてこの学派によれば、将来のフランス海軍の主力は、イギリスに対する外洋での通商破壊戦争に必要な魚雷艇や高速巡洋艦（後には潜水艦）である。

こうした主張は結局のところ受け入れられなかったものの、当時のフランスが置かれた国際環境、とりわけイギリスとの国力及び海軍力の格差を考えた時、一定の妥当性を有していた。これは、戦艦を中心とする艦隊決戦にこだわったマハンの問題点を余すところなく表している。

「リスク理論」

次に、海上での戦いにおける「弱者の戦略」のもう一つの事例として、アルフレート・フォン・ティルピッツの「リスク理論」について簡単に紹介しておこう。こうした視点は、やはりマハンが殆ど検討していなかったものである。

アルフレート・フォン・ティルピッツ（1849～1930）。ドイツの海軍軍人、政治家。海軍大臣として、ドイツ帝国海軍の拡張を推進。海相辞任後の1917年、ドイツ祖国党の党首となった。

第一次世界大戦のドイツ海軍、とりわけティルピッツの発想は、いわゆる「リスク理論（Risikotheorie）」として知られる抑止を基礎としたものであった。

その核心は、イギリス海軍と正面から対決することは戦力的に不可能であるものの、世界規模で展開する同国海軍に対しドイツ海軍は北海及びバルト海で対抗、仮に戦いによってドイツ海軍が撃滅されたとしてもイギリス海軍もまた大きな損害を出すのであれば、世界規模での展開は不可能となる。そして、ドイツ海軍はこうしたリスクをイギリス海軍に認識させるための海軍力の構築を実施する、というものである。後にこの「リスク理論」は、「現存艦隊（フリート・イン・ビーイング）」の思想としてさらに洗練化された。

潜水艦の運用思想

さらに、やはりマハンが過小に評価していた潜水艦の運用をめぐる思想について考えてみたい。第一次世界大戦でのドイツ海軍潜水艦（Uボート）の運用思想あるいは概念から始めよう。

この大戦の戦い方で後年、しばしば論争の対象となった無差別潜水艦作戦とは、潜水艦が公海を航行中の民間商船を警告なしで撃沈する作戦のことであるが、その主唱者は、ヘンニング・フォン・ホルツェンドルフ（当時のドイツ海軍軍令部長）であった。

ホルツェンドルフは、イギリス本土へ海上輸送される補給物資に対して全力を挙げて攻撃することがこの大戦をドイツに有利な形で終結させることができる唯一の方策である、と主張した。

彼は自らの統計資料を用いて、主として敵国イギリス船籍の民間商船を一ヵ月当たり六〇万トン沈没できれば、五ヵ月以内に同国を飢餓寸前にまで追い詰められるとした。一九一五年の一時期、そして再び一九一七年から翌年の休戦まで、ドイツはこの無差別潜水艦作戦を実施し、民間商船は警告を受けることなく潜水艦の攻撃対象となった。

しかし、これに対抗してイギリスを中心とする連合国側は、「護送船団方式（コンボイ）」などを導入することによって、その損害を減らすことに成功した。

思えば、戦争の歴史とは攻撃側と防御側の試行錯誤、作用と反作用の「弁証法」の歴史であり、模倣の歴史であり、対称性と非対称性の確保をめぐる歴史なのである。

カール・デーニッツの運用概念

次に、第二次世界大戦での潜水艦の戦いを主唱及び実際に指導したカール・デーニッツ（大戦勃発時のドイツ潜水艦隊司令官）と彼が考案した運用概念「群狼（Rudeltaktik）」について概観しておこう。

デーニッツは第二次世界大戦が勃発するまでの一九三〇年代を通して、ドイツ海軍での主力水上艦艇の建造に反対していた。その理由は、今からでは次なる戦争に間に合わない可能性が高いというものであり、仮にそうであれば、その時間と労力を潜水艦の建造に集中させた方が効率的である、というものであった。

彼の主張は、本質的には同時代の空軍単独での戦略爆撃を唱えた論者と同様であった。つまり、潜水艦だけで海上での戦い、さらには戦争そのものに勝利できるとの確信である。なるほど、ドイツに限らず、戦間期に戦艦の建造に多くの資源を投入したのは間違いであったとの批判は存在するものの、他方で、まだレーダーなどが開発されていなかった一九三〇年代中頃に、例えば航空母艦とその艦載機が、日中や霧のない時間帯以外に運用可能であるとは到底考えられていなかった。それ以上に、そもそも潜水艦の有用性など殆ど認識されていなかったのである。

デーニッツは、潜水艦を「戦略兵器」として運用するためには、そして、イギリスの海上交通路を効果的に破壊するためには、最低でも約三〇〇隻の潜水艦が必要であると論じた。一〇〇隻が実戦での運用、もう一〇〇隻は最前線と海軍基地の間の移動、そして残りの一〇〇隻は基地での整備、という計算である。

彼によれば、イギリスは海外との交易に多くを依存しているため、潜水艦の戦いを効果的に実施すれば、同国を屈服させることは可能である。そして彼は、「群狼」として知られる方策を採用した。つまり、護送船団が航行するであろう海域に潜水艦を広く分散及び待機させ、目標を発見次第集団で攻撃、可能であれば敵の護衛艦艇も撃沈するというものであった。あたかも狼の群れが羊の群れを集団で襲うかのような戦い方である。

よく考えてみれば、こうした方策は潜水艦の伝統的な運用方法とは大きく異なるものであった。従来、潜水艦は単独で行動し、敵国の港湾近くで待ち伏せ、港湾に出入りする民間商船及び艦艇を攻撃することが期待されていた。だが、デーニッツはこれを外洋で運用したのである。

「群狼」

なるほど、輸送船団、それも物資や要員を運ぶ民間商船を狙うとの方策は、理に適った(かな)ものであった。二〇世紀の総力戦時代の戦いは、これに勝利するためのあらゆる物資及び資源が必要となり、逆に敵にそれらを与えてはならない。そのため、民間商船ですら攻撃の「正当」な対象とされる。実際、潜水艦による通商破壊戦に留まらず、第二次世界大戦を通じて大規模に実施された海上及び経済封鎖、戦略爆撃などは、総力戦時代に相応しい方策であった。なぜなら、敵の「重心」が軍隊から国民生活全般へと移っていたからである。

当初「群狼」は、連合国側に上空からの支援がないこと、それぞれの潜水艦が相互及び本国の司令部との緊密な無線連絡が可能であること、との条件下では有用であると証明された。

だが、前述したように戦争あるいは戦いの歴史は作用と反作用の「弁証法」であり、連合国側は直ちにこの「群狼」への対抗策を講じ始めた。例えば音響探知機（ソナー）や水中聴音機（ハイドロフォン）の性能の向上、海面で潜水艦を探知可能な新たなレーダーの開発などである。

その結果、第二次世界大戦で運用された全てのドイツ海軍潜水艦のうち、その多くが撃沈されるという損害を出すことになったのである。

七　政策提言者としてのマハン

では次に、政策提言者としてのマハンの論述とそれに対する評価について簡単に考えてみたい。

海軍のイデオローグあるいはプロパガンディスト

あらかじめ結論的なことを述べてしまえば、総じてマハンは大海軍主義者であり、アメリカ海軍の拡張のために自らイデオローグあるいはプロパガンディストたらんとしたのである。だが、海軍戦略思想家マハンのものと比べて、同時代の母国アメリカに対する政策提言を行ったマハンの発想や概念は、恣意的かつ主観的であり、論理性や首尾一貫性など殆ど認められない。

しかし当時は、海軍のイデオローグあるいはプロパガンディストとしてマハンはその能力を遺憾なく発揮し、また実際に高く評価された。では、政策提言者としてのマハンの具体的な発言内容を概観していこう。

論考「アメリカ合衆国海外に目を転ず」に認められる「船乗りの視点」

ここでは一八九〇年の論考「アメリカ合衆国海外に目を転ず」を取り上げてみたい。この論考でマハンは、孤立主義から海外発展へ向けたアメリカの国家政策の転換、ロシア及びドイツの拡張主義的な世界政策に対する警戒、を強調した。興味深いことに、後者の見解は前述のマッキンダーとほぼ同様であり、これがイギリスとアメリカに共通する「船乗りの視点」からの世界観である。

マハンはまた、同論考で、ハワイの重要性、中南米地峡運河の可能性と必要性、平和のためには相手と互角の軍備を備える必要性（抑止の有用性）、アメリカ海軍拡張の必要性、イギリスとの友好関係の重要性、を指摘したが、こうした点はいずれも、その後の政策提言者としてのマハンの論述の核心を形成しており、彼の世界観を見事に示している。

なお、この論考は『海上権力に対するアメリカの関心――現在と将来（*The Interest of America in Sea Power, Present and Future*）』（一八九七年）――一八九〇～九七年の間に発表されたマハンの一般読者向け論考を所収した著書――に再録されているが、同書は彼の具体的な政策提言を知るための必読文献の一つと位置付けられる。同書は時流にも乗って非常に売れたようであるが、その内容は、シー・パワーを通じての国家としての偉大さの追求に関するものばかりである。

マハンに対する全般的評価

以上、マハンの論考の一つを手掛りに彼の具体的な政策提言を紹介したが、多くは持論あるいは自らが推し進める政策を正当化する目的で根拠のない事項を並べており、その客観性には大いに疑問が残る。

本章で紹介した論考「アメリカ合衆国海外に目を転ず」に加え、一九〇〇年の著書『アジアの問題（*The Problem of Asia and its Effect upon International Policies*）』（論考「アジアの問題」［一九〇〇年］及び「アジア状況の国際政治に及ぼす影響」［一九〇〇年］所収）、一八九三年の論考「ハワイとわが海上権力の将来」、一八九七年の論考「二〇世紀への展望」、同年の論考「海戦軍備充実論」などで示された政策提言者としてのマハンの主張の核心は、アメリカ海軍の拡張、アメリカの海外進出の必要性（特にハワイ及びフィリピンの領有）、中南米地峡運河（後年はパナマ運河）の必要性、アメリカへの海外移民（中国人あるいは日本人）の阻止、日英同盟の存在がアメリカに及ぼすであろう危険性、ロシア及びドイツの野心に対する警戒、南北アメリカ大陸へのヨーロッパ諸国の干渉に反対する「モンロー主義」の堅持、アングロ＝サクソン兄弟国としてのアメリカとイギリスの協調、さらにはアングロ＝サクソンによる平和（国際秩序）及び自由貿易体制の維持、となろう。

これまで何度も言及したように、必ずしもこうした主張は客観的な根拠によって支えられたものではなく、むしろ恣意的かつ主観的であり、政治的である。ここに、政策提言者マハンの側面が前面に出てくる。おそらくこうした理由もあって、今日においてもマハンに対する評価が大きく分かれているのであろう。

おわりに

マハン、とりわけ政策提言者としてのマハンは、帝国主義者、大海軍主義者、アメリカ海外進出のイデオローグもしくはプロパガンディストであった。彼は本質的にはジャーナリストであり、アメリカ帝国主義をペンによって唱えた、とも言える。何れにせよ、マハンはアメリカが採るべき国家政策や軍事（海軍）戦略を提言していたのである。

そして、当時の時代状況の中でマハンは上手く時流に乗った。あるいは、彼が上手く使われたのかもしれない。マハン、セオドア・ルーズベルト、ヘンリー・ロッジ（連邦上・下院議員）という三人の共犯関係であったとも言えよう。さらには、ベンジャミン・トレーシー（海軍長官）とマハンの緊密な関係も指摘されている。

しばしば指摘されているように、一九世紀の海軍——帆船の時代——を研究したマハンが、それを二〇世紀の海軍——内燃機関と鋼鉄艦の時代——に無理に適用しようとした際の強引さは否定できない。

事実、政策提言者としてのマハンはもとより、海軍戦略思想家としてのマハンですら、帆船時代の原理や原則を近代海軍に無批判に当てはめようとした。彼は、新たな技術に対する知識など殆ど持ち合わせていなかった。例えばマハンは、潜水艦の潜在能力を全く理解できなかった。そして、この時期においてもなお制海権の獲得に向けた艦隊決戦を念頭に置いており、当時の潜水艦ではこの決戦に参加するには速度が遅過ぎ、航続距離が短過ぎると決め付けていた。

誤解を恐れることなくあえて単純化すれば、海軍戦略思想家としてのマハンの論点には、今日でも多くの示唆に富むもの——普遍性——が含まれている一方、政策提言者としてのマハンの論述は、時間という試練に耐え得ておらず、既に陳腐化したものばかりである。

また彼の海軍戦略思想には、「弱者の戦略」に対する視点が一切抜け落ちていたのである。

だが、それにもかかわらずマハンの海軍戦略思想には、その有用性が認められ続けるであろう。

本章の参考文献

アルフレッド・T・マハン著、北村謙一訳、戸高一成解説『マハン海上権力史論』原書房、二〇〇八年
アルフレッド・T・マハン著、井伊順彦訳、戸高一成監訳『マハン海軍戦略』中央公論新社、二〇〇五年
アルフレッド・セイヤー・マハン著、アラン・ウェストコット編、矢吹啓訳『マハン海戦論』原書房、二〇一七年
麻田貞雄編訳『マハン海上権力論集』講談社学術文庫、二〇一〇年
谷光太郎著『海軍戦略家マハン』中央公論新社、二〇一三年
立川京一、石津朋之、道下徳成、塚本勝也編著『シー・パワー――その理論と実践』芙蓉書房出版、二〇〇八年
フィリップ・A・クロール「海戦史研究家アルフレッド・セイヤー・マハン」ピーター・パレット編、防衛大学校「戦争・戦略の変遷」研究会訳『現代戦略思想の系譜――マキャヴェリから核時代まで』ダイヤモンド社、一九八九年
ミヒャエル・エプケンハンス「第一次、第二次世界大戦におけるドイツの海軍戦略」石津朋之、フランク・ライヒヘルツァー編著『日本とドイツ　20世紀の経験（日独戦史共同研究2019-2021）』防衛省防衛研究所、二〇二二年（Michael Epkenhans, "German Naval Strategy in World War I and World War II," in Frank Reichherzer, Tomoyuki Ishizu, eds., *Sharing Experiences in the 20th Century: Joint Research on Military History* [NIDS-ZMSBw Joint Research Project 2019-2021

NIDS, 2022])

Sadao Asada, *From Mahan to Pearl Harbor: The Imperial Japanese Navy and the United States* (Annapolis, MD: Naval Institute Press, 2006)

John H. Maurer, "Alfred Thayer Mahan and the Strategy of Sea Power," in Hal Brands, ed., *The New Makers of Modern Strategy: From the Ancient World to the Digital Age* (Princeton and Oxford: Princeton University Press, 2023)

John T. Sumida, *Inventing Grand Strategy and Teaching Command: The Classic Works of Alfred Thayer Mahan Reconsidered* (Baltimore: MD: Johns Hopkins University Press, 2000)

John Keegan, *The First World War: An Illustrated History* (London: Knopf, 2001)

Andrew Lambert, *The British Way of War: Julian Corbett and the Battle for a National Strategy* (New Haven, CT: Yale University Press, 2021)

第七章　ジウリオ・ドゥーエ

——空軍戦略思想の創始者

はじめに

ジウリオ・ドゥーエ（一八六九〜一九三〇年）はイタリアの陸軍軍人であるが、空軍戦略思想家として広く知られる。イタリア＝トルコ戦争（一九一一〜一二年）では既に飛行船部隊を指揮しリビア爆撃を実施、航空機（エア・パワー）の可能性を早くから認識していた。

第一次世界大戦では政府の戦争指導を厳しく批判した結果、軍法会議にかけられ一年間の禁固刑に服した（及び予備役に編入）が、その後、彼の批判の妥当性が認められ現役に復帰、名誉回復がなされた。

この大戦での経験を踏まえドゥーエは、戦場での膠着状態——塹壕戦——を打開する手段として航空機、とりわけ爆撃機の有用性を強く唱えた。前線と「銃後」の区別ができない次なる戦争——総力戦——では、爆撃機とその空爆により「制空権」を確保、併せて一般の人々を恐怖に陥れることによって戦争を早期に終結できると期待した。ここで重要な点は、彼が戦闘機の運用をあまり考えていなかった事実である（ドゥーエは爆撃を主とする「多用途機（マルチロール）」に注目した）。

ドゥーエによれば、「『制空権』を獲得することは敵を『無力化』することである」。航空機あるいはエア・パワーの本質は攻勢であり、唯一の防勢とは攻勢に出ることである、とさえ論じている。

また、爆撃の目標（ターゲット）についてドゥーエは躊躇なく敵国の、①産業、②交通インフラ、③通信、④政府、⑤人々の意志、を挙げたが、これは、彼が総力戦時代の戦いの様相を理解していた証左であろう。その中でもとりわけ彼は、人々の意志——士気（モラール）——の重要性を強調した。爆撃を強化すれば、人々は自国政府に対し早期の降伏を求めるであろう。さらには革命が生起する可能性すら否定できない、と。

さらにドゥーエは、独立した軍種としての空軍（エア・フォース）の創設に留まらず、陸軍（アーミー）及び海軍（ネイビー）不要論を唱えた。彼の主著『制空』（第二版）では、陸軍や海軍が航空機を保持することは「無意味、無駄な重複、有害」とし、長距離爆撃機から構成される独立空軍こそ、次なる戦争に勝利できる唯一の手段であるとの極論を展開した。併せて、毒ガスの人道性を強調——こうした見解はJ・F・C・フラーやバジル・ヘンリー・リデルハート（本書第八章を参照）も同様——し、その活用を唱えた。

ジウリオ・ドゥーエ（1869～1930）。イタリアの陸軍軍人、空軍戦略思想家。1921年に刊行した著書『制空』は、世界的な反響を呼び、戦略爆撃の思想に影響を与えた。

一　エア・パワーの発展

特異性

ライト兄弟が一九〇三年に航空機の動力初飛行に成功してから一世紀あまりが経過したが、この間、エア・パワー（空軍及び空軍力に留まらず、さらに広範な意味を含む概念）は軍事力の必要不可欠な要素へと発展し、二〇〇三年のイラク戦争では決定的とも思える能力を証明した。

実際、エア・パワーの発展の歴史を概観したイギリスの国際政治学者コリン・グレイは、一九〇〇年代初頭から二〇年代に掛けて実験的かつ陸軍の補助的なものに過ぎなかったエア・パワーが、二〇年代から四〇年代に掛けて有用かつ重要なものへと発展を遂げ、四〇年代から九〇年代に掛けて必要不可欠となり、九〇年代以降は、あたかも単独で戦争に勝利できる存在へと発展したかのようである、と述べている。

今日の国際環境の中でエア・パワーは七つの特性を有するとされる。すなわち、①遍在性、②頭上空間という側面、③行動距離及び到達能力、④移動速度、⑤地理的制限のない行動ルート、⑥卓越した偵察能力、⑦集中の柔軟性、である。確かに、一つの軍種あるいは「パワー」が約一世紀という短い期間でこれほど急速に発展した例はなく、この事実が、エア・パワーの特異性を一層際立たせているが、こうした可能性にいち早く気付いたのがドゥーエであった。

黎明期

前述したようにライト兄弟が初飛行に成功したのは一九〇三年であるが、驚くべきことに航空機は、イタリア＝トルコ戦争で、さらには一九一二年のヴァルカン戦争で用いられている。その主な任務は初歩的な偵察であった。なるほど、当初の航空機の軍事的効果は限定的なものであったが、心理的効果は大きなものがあった。

第一次世界大戦が勃発した当初、航空機の運用はフランス革命以降、戦場でたびたび使用されていた気球と同様、地上指揮官の「目」の延長に限られていた。しかし、係留気球と比較して航空機は大きな機動性及び行動範囲を備えていたため、開戦以来、偵察と共に各種の観測にも用いられ、直ちにその任務は着弾観測へと拡大された。その後、味方陣地の偵察に飛来した敵の航空機を撃退するため、新たに追跡の任務が加えられた。ここに、今日に至るまでエア・パワーの基本任務とされる偵察と追跡が確立された。

多少の誇張が含まれているとは言え、第一次世界大戦終結時の一九一八年の戦場を経験した兵士は、一九九一年の湾岸戦争での戦場にさほど違和感を抱かないであろうが、一九

ヴェルダンの戦いでは、史上初の大規模な空の戦いが展開された。ヴェルダン地区に大量の航空機を集中的に配備していたドイツ軍はフランス軍の航空部隊を襲撃した。写真はhttps://actualites.musee-armee.fr/?lang=enから引用。

一四年、第一次世界大戦が勃発した際に出征した兵士は、一九一八年の戦場を想像すらできなかったであろう、との指摘（ジョナサン・ベイリー）は示唆的である。すなわち、この大戦では、戦いの戦略及び戦術次元で革新的な変化が多々見られ、その代表的な事例が戦車、毒ガス、そして航空機の発展であった。

実際、この大戦で航空機は、一九一六年のヴェルダンの戦いに代表されるように交戦中の味方部隊に対する戦術航空支援、地上の敵部隊及び陣地に対する火砲や爆弾による攻撃に加え、味方部隊の前進を支援し、さらには、敵部隊の前進を阻止する任務を付加された。これらは今日の近接航空支援と航空阻止の概念の萌芽と言えよう。

加えて、ドイツ軍航空機及び飛行船による

イギリス本土空爆に代表されるように、航空機あるいはエア・パワーの戦略的運用についてもその可能性が模索され始めた。その象徴的な事例が、一九一七年八月に発表された「スマッツ覚書（メモランダム）」である。

「スマッツ覚書（メモランダム）」

この覚書は、イギリス独立空軍創設の直接の契機となった文書であり、その内容は、エア・パワーの戦略的運用を視野に入れたものであった。「スマッツ覚書」には以下のような記述がある。「予見できる限り、将来の戦争に際してエア・パワーを独自に運用することに対する限界は全く存在しない。敵の国土を破壊し、産業及び人口の密集地域に大規模な破壊を加える空軍による作戦が戦争の主要な行動となり、これらの作戦に比べれば、旧来の陸軍及び海軍による作戦が、副次的あるいは従属的なものになる日もそう遠くないかもしれない」。

このように、航空機の登場が戦争及び戦場に与えた衝撃は、今日では想像できないほど大きなものであり、その衝撃を受けたのがドゥーエであった。

第一次世界大戦と第二次世界大戦の間の約二〇年、いわゆる戦間期は、航空機さらにはエア・パワーの発展にとって最も重要な時期であった。ドゥーエに加え、ウィリアム・ミッチェルやアレグザンダー・セヴァースキー（共にアメリカの空軍戦略思想家）に代表される「エア・パワーの創始者」が登場したのも戦間期である。

彼らは、次なる戦争では第一次世界大戦と同様、地上での塹壕戦が続くとの想定の下、それを打開する手段としてエア・パワーが備えた潜在能力に注目した。また、エア・パワーが戦争に人道性を導入する手段であると捉えることでも彼らの見解は一致した。エア・パワーの備えた強大な破壊力を考えると、戦争は早期に終結、結局は人道的になると期待されたのである。

最初の転換点としての第二次世界大戦

長い戦争の歴史の中で政策の手段としてエア・パワーの有用性が明確に示されたのは、一九三九〜四五年の第二次世界大戦であった。

ドイツ陸軍による電撃戦や日本海軍による真珠湾奇襲攻撃、連合国軍(空軍及び陸軍航空部隊)によるドイツへの戦略爆撃やアメリカ陸軍航空部隊による日本の都市爆撃及び原爆投下など、戦争のあらゆる局面でエア・パワーは必要不可欠な要素へと発展した。

この大戦後、次なる戦争でエア・パワーがさらに大きな役割を果たすとの予測を否定する論者などいなかった。

但し、アメリカの国際政治学者バーナード・ブロディ(本書第九章を参照)が鋭く指摘したように、この大戦でエア・パワーはその有用性が証明されたものの、それはドゥーエが理想としたものではなく、むしろミッチェルが思い描いたもの、すなわち「飛ぶものは全て兵器になる」との着想の成果であった。

二　二人のヴィジョナリー

では、以下でブロディが言及した二人の人物、ドゥーエとミッチェルの空軍戦略思想を概観しておこう。

ドゥーエの空軍戦略思想の要諦

ドゥーエの主著『制空』（一九二一年。一九二七年刊行の第二版はさらに挑発的な内容）の要諦は、概略、以下のようなものである。

①近代の戦争では戦闘員と非戦闘員の区別が不可能になりつつある、②今や陸軍による攻撃が成功する可能性は極めて低い、③空の戦いという三次元の舞台では、速度と高度の優位さえ確保できれば、攻撃的なエア・パワーに対する防御手段は存在し得ない、④そうであれば、国家が準備すべきことは敵の人口、政治、産業の中心に対し強力な爆撃を加えるための方策である。そして、敵国政府に講和を求める以外の選択肢を与えないよう、敵

国民の士気（モラール）を粉砕するために最初に大打撃を与える必要がある、⑤そのためには、長距離爆撃機部隊を有する独立した空軍が、常に戦闘準備態勢で維持される必要がある。

ドゥーエへの疑問

もとよりこうしたドゥーエの空軍戦略思想に対しては、その当時から今日に至るまで多くの批判が寄せられている。

例えば、敵国民の抗戦意志の強靭性を過小に評価したドゥーエは、少数の爆撃だけで人々は簡単に混乱（パニック）に陥り、直ちに敗北主義が蔓延（まんえん）すると期待したが、現実には、第二次世界大戦のロンドン、ベルリン、東京などへの戦略爆撃の事例から明らかなように、大規模な爆撃を受けても人々は最後まで粘り強く戦った。

また、敵の爆撃機の攻撃から自国を防衛することなど不可能であるとの予測も完全に間違いであった。「バトル・オブ・ブリテン」で明確に示されたように、イギリスは新たに開発されたレーダーと高射砲や戦闘機などを有機的に組み合わせることで、効果的な防空システムを構築した。「爆撃機は必ずや突破する」（スタンリー・ボールドウィン［イギリス首相］の発言でドゥーエはこれを固く信じていた）ことはなかった。

加えて、ドゥーエの空軍戦略思想は同時代のイタリアの戦略環境を反映したものに過ぎないことも事実である。しかし、それ以上に重要な点は、エア・パワーが戦争で重要な役割を果たし得ることを他者に認めさせるためには、必ずしもこれが、単独で戦争に勝利できる軍種と証明する必要はないことをドゥーエが理解できなかった事実である。ここに、ドゥーエに代表されるエア・パワー至上主義者の限界が見受けられる。

ブロディのドゥーエ批判

また、本書の第九章で論述するアメリカの戦略思想家バーナード・ブロディはその著『ミサイル時代の戦略』でドゥーエの空軍戦略思想の欠点に鋭く切り込んだ。

その一つが爆撃に必要とされる爆弾（通常爆弾、焼夷弾、毒ガス弾）の量をめぐるドゥーエの見積りの甘さに対する批判で、ブロディは「爆撃に必要とされる量がどの程度になるかについて全く無知な人物（ドゥーエ：引用者註）が、その成果が大きいと唱える根拠はどこにあるのか」と記している。

確認するが、ブロディは同書で、エア・パワーは第二次世界大戦でその有用性が証明されたが、それはドゥーエが描いたものではなく、ミッチェルが描いたもの、すなわち、飛ぶものは全て兵器になるという着想であったとの結論を下している。

確かに、この大戦はドゥーエの空軍戦略思想を実際に試す場となり、そして、彼の構想は多くの点で間違っていた、あるいは誇張であった事実が証明された。

だが、こうした批判や問題点にもかかわらず、この時代に、戦争でのエア・パワーの運用に関しドゥーエほど深い洞察力をもって論じた人物が他にいないこともまた事実である。さらに、彼の空軍戦略思想の真の価値は、必ずしもその独創性でなく、同時代の最先端の議論を簡明にまとめ得た能力にある。事実、イギリスの歴史家マイケル・ハワードが指摘したように、偉大な戦略思想家とは多くの場合、同時代人であれば当時の状況からごく自然に導き出せるであろう結論を、簡潔に集大成した人物なのである。

ミッチェルの空軍戦略思想

他方、今日から振り返ればミッチェルの空軍戦略思想は、もう少し均衡の取れたものであった。

彼は、空の戦いにはあらゆる種類の航空機が必要であると考えた。彼にとって重要なことは、必ずしも戦略爆撃ではなく、むしろ、多様な航空機あるいはエア・パワーを独立した空軍司令部の集中管理下で運用することであり、エア・パワーの陸軍及び海軍への従属を解消することであった。

また、ドゥーエが陸軍の有用性を殆ど無視して、その背後にある国家の中枢機能及び資源への爆撃を主唱したのに対し、少なくともミッチェルは、他軍種との共同作業の重要性を認識していた。実際、パラシュート部隊の創設を早くから提唱したのはミッチェルであった。

とは言え、基本的にはドゥーエとミッチェル、さらにはイギリスのヒュー・トレンチャードやアメリカのセヴァースキーに代表される思想家の関心は、空という領域に限定されていた。

これとは対照的に、軍事力（ミリタリー・パワー）全体の中でのエア・パワーの有用性を導き出したのが、フラーとリデルハートであった。空地協同を旨とする彼らの機甲戦理論は、やがて第二次世界大戦の電撃戦として結実した。また、この二人のイギリス人戦略思想家以外にも、フランスのシャルル・ド・ゴール、ドイツのハインツ・グデーリアン、ソ連のミハイル・トハチェフスキーに代表される戦間期のヴィジョナリーたちは、常にエア・パワーとランド・パワー（陸軍［力］）の協同運用の可能性を模索していた。マヌーヴァリスト（機動戦論者）と機動戦理論の誕生である。

第二の転換点としての湾岸戦争

第二次世界大戦後、米ソ冷戦下の核戦略に半ば組み込まれながらも、ベルリン空輸（一九四八～四九年：そこでは既にエア・パワーの戦略的効果が認められた。一発の爆弾も落とすことなく決定的なまでに重要な効果を生んだからである）、朝鮮戦争、ヴェトナム戦争などを経て着実に発展したエア・パワーは、一九九一年の湾岸戦争でその有用性を決定的なまでに証明し、その価値を考える上でもう一つの大きな転換点となった。

1948年6月にソ連がベルリンを封鎖。物資を空輸するために飛来したアメリカの輸送機を見上げるベルリン市民。空輸は1年以上行われ、食料品や生活用品が届けられた。

湾岸戦争の空の領域での戦い――アメリカの空軍戦略思想家ジョン・ワーデンによって構想された「インスタント・サンダー」作戦、そして、実際に発動された「砂漠の嵐」作戦全般――では、イラクの重心とされる司令部、指揮・統制・通信システム、重要なインフラ施設などに対し、同時かつ並行的な攻撃が実施された。敵の機能不全、戦略的麻痺、システムへの効果が目標とされ、そのための手段として、ステルス機による突破、スタンドオフ精密攻撃、状況認識、戦力投射に代表される、当時としては最新の情報技術に裏打ちされた戦い方が用いられたのである。

事実、「砂漠の嵐」作戦が示唆したことは、緒戦の空からの攻撃が、その後の作戦全般の経緯と結果に対し決定的なまでに重要な影響を及ぼすとの事実であった。これは敵をシステムとして捉え、累積的に攻撃するのではなく、同時並行的に攻撃を実施することを主眼とした結果である。

三　「エア・パワー・ルネサンス」——さらなるヴィジョナリーの登場

ジョン・ワーデンの射程

そこでここからは、湾岸戦争における二人の思想家、ワーデンとジョン・ボイドの空軍戦略思想を検討してみよう。

ドゥーエと同様、ワーデンに対する評価は大きく分かれる。だが、彼こそ湾岸戦争での空の作戦全般の主たる立案者であったことは疑いようのない事実である。ワーデンは当時のアメリカ陸軍の中核的な作戦概念であった「エアランド・バトル」——フラーに代表されるマヌーヴァリストがその理想とした戦い方——に強く異議を唱えた。なぜなら、彼にとってはこの概念ですら、エア・パワーに従属的な役割しか与えておらず、それ以上に、エア・パワーの戦略的効果を引き出せないものであったからである。

「エアランド・バトル」を、湾岸戦争が成功した一つの要因であるとするアメリカ陸軍の見解に対し、ワーデンはむしろ、こうした概念こそがエア・パワーの潜在能力に足枷をはめるものであったと捉えた。その意味において、ワーデンに代表されるエア・パワー至上主義者と、フラーやボイドの系譜に位置付けられるマヌーヴァリストのエア・パワー観の違いは決定的である。

湾岸戦争でのワーデンの空軍戦略思想の特徴は、敵をシステムとして捉えたことであり、「五つの環」という概念は今日でも広く知られているが、これはかつてドゥーエが示した概念のいわば焼き直しである。彼は、必ずしも敵のランド・パワーと戦わなくても、エア・パワーで敵の戦争遂行能力にとって重要な地点を攻撃することにより、その戦略的な効果を生み出せると考えた。

ジョン・ボイドの射程

一方、湾岸戦争に直接的には関わっていないものの、ボイドもこの戦争の成功を支えた人物として高く評価される。とりわけ「砂漠の嵐」作戦での「左フック」の立案に多大な影響を及ぼしたとされ、また、彼の影響を強く受けた多くのアメリカ軍将兵がこの戦争に参加したとされる。

ボイドにとっては速度(テンポ)という要素があらゆる戦争に勝利するための鍵であった。そしておそらくこの認識が、変化を続ける環境との相互作用あるいは環境への適合という絶え間ないサイクルの重視、そのために必要とされる自由裁量の重視、へと繋がったのであろう。アメリカ海兵隊――空軍ではなく――の新たな教範『ウォーファイティング』の作成にも、機動戦理論を重視したボイドの影響が色濃く反映されているという。

ボイドによれば、戦争は意志決定サイクルを支配することで勝利可能となる。そこから、OODA（ウーダ）（Observe, Orient, Decide, Act: 観察・情勢判断・意思決定・行動）ループという概念が誕生し、さらには、敵のOODAループの中に入り込むとの着想が生まれた。敵よりも意志決定サイクルを迅速に回すことによって、敵は状況認識を失い、自らに何が起こっているかについて混乱、その混乱が累積されることによって麻痺し、抵抗できなくなる、とボイドは考えた。

ポスト近代（モダン）のエア・パワー

その意味においてボイドは、ポスト近代（モダン）の思想家の一人であったと評価できる。彼にとっては、敵の心理的な麻痺が重要であった。他方、どちらかと言えばワーデンはいまだに敵の物理的な麻痺に重点を置いていた。この両者の理論の違いをやや単純化すれば、ワーデンは「いかに行動するか」に重きを置き、ボイドは「いかに考えるか」に関心を払った。

そのため、この二人の二〇世紀の思想家を、一九世紀の思想家であるアントワーヌ・アンリ・ジョミニ（本書第二章を参照）及びカール・フォン・クラウゼヴィッツ（本書第一章を参照）と類比することも可能であろう。何れにせよ、二人のエア・パワー観を相互補完的に考察することにより、今日でも有用な示唆が多々得られるはずである。

だが、ワーデンとボイドが共に戦略的麻痺、さらにはEBO（効果重視の作戦）として知られる効果を重視する理論の発展に大きく貢献したことは間違いない。加えて、この二人の思想家が共に、エア・パワーの戦術及び作戦（戦域）次元の価値ではなく、戦略次元の価値に注目した事実、さらには、戦争の技術的側面だけでなく、理論あるいは概念的側面の重要性を強調した点は、高く評価できる。

こうしてドゥーエが描いたような真の意味のエア・パワーが誕生した。「エア・パワー・ルネサンス」と言われる所以である。

「占有力」の概念の変化

ここで重要な点は、さらなる技術の発展に裏打ちされたエア・パワーによって、「占有力」の概念が変化した事実である。すなわち、従来のようにランド・パワーに頼らなくても、事実上、ある地域を占有することが可能になりつつある。例えば、湾岸戦争後のイラクでの飛行禁止区域の設定とそこでの監視活動は、今日のエア・パワーに一定の占有力が備わっている事実を証明している。

そしてこうした傾向は、UAV（無人航空機）もしくはドローンの登場に伴って益々強まっている。逆に、今日のランド・パワーに求められている役割は、必ずしもある地域の占有ではなく、むしろ、戦争の後片付け（モッピング・アップ）になりつつあるようにも思われる。

換言すれば、エア・パワーは敵の脆弱点を攻撃し、組織的な活動能力を奪い取ることによって機能的効果を生む。今日では、ランド・パワーが敵を拘束し、エア・パワーがその攻撃を実施するという、従来とは逆の役割分担すら認められる。疑いなく、そこではランド・パワーではなく、エア・パワーが主たる機動力となっており、これこそドゥーエが描いた戦争の将来像であった。

「西側流の戦争方法」の中核

実際、湾岸戦争以降、今日に至るまでのエア・パワーはあたかも西側諸国、とりわけアメリカの戦争の同義語であるかのように認識され、それらは、the western way in warfare（「西側流の戦争方法」）や The American Way in Warfare（「アメリカ流の戦争方法」）といった概念に現れている。

確かに、今日までなぜ強大なランド・パワーやシー・パワー（海軍［力］）が必要なのかといった論争は見られるが、エア・パワーの必要性に疑問を呈する議論は皆無である。エア・パワーをめぐる論争の中心は、その有用性の有無ではなく、どの軍種がその中核的な機能を保持すべきかである。そうしてみると、ついにドゥーエが描いた将来のエア・パワー像が、現実のものになりつつあるようにも思われる。

四　エア・パワーと二一世紀の「時代精神」――「戦略的効果」

「ポストヒロイック・ウォー――犠牲者なき戦争」の時代

実は、湾岸戦争で示されたエア・パワーの特性は、「ポストヒロイック・ウォー――犠牲者なき戦争」という言葉に象徴される二〇世紀後半の時代精神に見事なまでに合致した。アメリカの国際政治学者エドワード・ルトワックの代表作『エドワード・ルトワックの戦略論――戦争と平和の論理』の一つの特徴は、ポストヒロイック・ウォー、すなわち犠牲者なき戦争の時代の到来という自らの世界観を踏まえた上で、エア・パワーの有用性を高く評価した点である。

興味深いことに、エア・パワーが戦争で人道性を確保する手段であるとする点は、ドゥーエに代表される戦間期のヴィジョナリーたちの一致した見解であった。エア・パワーの備えた圧倒的な破壊力が逆説的にも戦争を早期に終結させ、結局は人道的になると期待したのである。さらに当時はドゥーエによって毒ガスの人道性も強調されたが、こうした人道への配慮が今日のエア・パワーの価値をさらに高めている。

ドゥーエの夢の実現？

既に述べたように、エア・パワーの歴史にとって湾岸戦争は大きな転換点となった。アメリカの国際政治学者エリオット・コーエンは、この戦争によって「アメリカの指導者は、今や圧倒的なエア・パワーというこれまでの戦争の歴史には見られない軍事能力を手にしている」との結論を下した。

さらにコーエンは同論考で、エア・パワーにより、戦略、指揮、統制だけに留まらず、戦争の概念自体にも大きな変化が生じつつあると指摘した。また、前述のルトワックに至っては、「湾岸戦争によって一九二〇年代にドゥーエ、ミッチェル、そしてトレンチャードに代表される理論家が所与のものと考え、しかし、今日まで眠っていたとされるエア・パワーの特性がついに回復された。（中略）この戦争によってエア・パワーによる戦争の勝利という約束が、ついに果たされることになった」とさえ述べている。

「戦闘空間」の登場

このように、エア・パワーは二〇世紀後半の時代精神に見事なまでに合致した。だが、こうした傾向は二一世紀を迎えても益々強まっている。おそらく宇宙空間（スペース）という領域を含めたエア・パワー（エアロ＝スペース・パワー）は、今日の時代を象徴する存在となるであろう。従来の battlefield（戦場）という概念が battle space（戦闘空間）へと変化した事実は、戦争の三次元性を雄弁に物語っている。

さらに今日の思想家は、エア・パワーによって軍事的破壊と消耗戦争を経ることなく、システム麻痺と言葉の真の意味での戦略的効果の達成が可能になった、とさえ主張する。あたかも前述のヴィジョナリーたち、とりわけマヌーヴァリストの理想がついに実現したかのようであるが、実は今日のエア・パワーの思想家の眼差しは、遥か先にまで向けられている。

実際、彼らの中には、基本的にはランド・パワーの視点から構築されてきた従来の軍事理論や概念から脱却し、エア・パワー独自の新たな理論及び概念の構築を主唱する者も多い。エア・パワーだけに備わった戦略的効果に、すなわち「戦術」や「作戦（戦域）」の次元を超えた「戦略」次元だけに注目すべきである、とするのである。

五　エア・パワーが内包する課題

「万能薬」?

本章のここまでは、主としてエア・パワーが備えた正の側面に注目してきた。ところが、エア・パワーは決してドゥーエが唱えたような「万能薬」ではなく、実際、多くの課題及び限界を抱えている。

第一に、戦争に固有のパラドクスもしくは逆説である。仮にエア・パワー同士での戦争を回避し、異なる手段で今日の覇権国(ヘゲモン)アメリカに挑戦する国家あるいは非国家主体が登場した場合、はたしてアメリカは、こうした非対称戦争に対処できるであろうか。

第二に、戦争に勝利をもたらすものが、各軍種及び兵科の相乗効果であることは、歴史の教えるところである。例えば、ランド・パワーの投入を予定しない国家政策下でのエア・パワーが、限定的な効果しか発揮し得なかった事実は、一九九〇年代後半のコソヴォ紛争で見事に実証された。

また、二〇〇三年のイラク戦争では「ブーツ・オン・ザ・グランド」という表現が注目されたが、これは、軍事の次元だけに留まらず政治的な意味においてもランド・パワーの重要性を示唆するものである。戦争におけるエア・パワーの重要性の高まりは、あくまでも相対的なものに過ぎない。

「占有力」の断続性

第三に、技術の発展に顕著に裏打ちされた今日でもエア・パワーは、①時間及び空間的な「占有力」の断続性、②基地依存性、③限られたペイロード(積載量)、④壊れ易さ、⑤費用、⑥天候に対する脆弱性、といった固有の弱点を完全に克服することはできていない。

第四に、精密誘導兵器が登場して以来、第二次世界大戦で見られた地域爆撃や絨毯爆撃を実施する必要性は著しく低下したが、この一見人道的とも思える精密爆撃にも、新たなパラドクスもしくは逆説が生じることになった。すなわち、その精確性自体が戦争の犠牲者数を局限化すべきであるとの人々の期待を過度に高めた結果、爆撃そのものに躊躇せざるを得ないとの事態が生起し始めたのである。

今日に至るまでRMA(軍事上の革命)や戦争の革命をめぐっては活発な論争が展開されているが、実は、ここで真の意味での革命的な事象とは、より小さな犠牲でより大きな成果を求める人々の期待値の顕著な上昇である。イギリスの国際政治学者フィリップ・セイビンが鋭く指摘したように、エア・パワーの精確性への人々の期待値が革命的なまでに高まった結果、あたかもその技術的能力(あるいは可能性)と反比例するかのような形で、却ってその運用が困難になっている。

第五に、将来、アメリカが単独で軍事介入するような事態は、政治的には考え難いとの事実である。

仮にそうであれば、同盟国や友好国との協力が必要となるが、はたして覇権国アメリカは今後、軍事的に必ずしも有用とは思えないこうした諸国と協力して作戦を実施する意志を有するであろうか。逆にこうした諸国は、アメリカと共同して作戦を実施できるだけの技術水準、あるいは相互運用性(インターオペラビリティ)を確保可能であろうか。

エア・パワーとエア・フォース(空軍)

エア・パワーが抱えた課題の第六はさらに重要であるが、仮に人々が従来の狭義のエア・パワーの定義、すなわち、「エア・パワー＝エア・フォース（空軍）」に固執し続けるのであれば、例えば、軍事力そのものが統合に向かいつつある今日、なぜ独立した担い手であるエア・フォースが必要なのかとの問いに答える必要がある。

言うまでもなく、本章で言及しているエア・パワーの有用性と、独立した軍種としてのエア・フォースの保持とは、異なる次元に属する問題である。

エア・パワーという言葉には、空軍の航空機、弾薬、センサーなどと共に、陸海軍及び海兵隊(マリーン)の航空戦力、攻撃ヘリコプターや戦術ミサイル、さらには、それぞれの軍種が保有する各種のUAVもしくはドローンなどが含まれる。今日の空の領域の作戦が、従来の軍種の枠組みを超えた軍事力が参加したものである事実を理解すべきである。また、宇宙空間やサイバー空間に代表される他の軍事領域の協力がなければ、エア・パワーはその能力を発揮できない。

よく考えてみれば、元来エア・パワーといった概念も、単にエア・フォースが保持する軍事力だけに限定されたものではなく、民間の航空産業やその要員、さらには、国家政策や国民の理解といった要素を含めた広義のものであったはずである。だが、いつの間にか、その意味するところが矮小化されてしまった。その意味において、エア・パワーという言葉の意味するところを再確認する必要がある。

第七に、実は今日、有用性を発揮しているのは必ずしもエア・パワーそのものの能力ではなく、むしろ宇宙空間という領域をプラットフォームとするGPS（全地球測位システム）に代表される、情報技術を基礎としたネットワーク化された軍事力であり、エア・パワーはその構成要素の一端に過ぎないのではないか、との問いが挙げられる。つまり、将来におけるエア・パワーの有用性は、宇宙空間、さらにはサイバー空間を含めた軍事力の統合化の程度に懸かっているのではとの問題である。

最後に、エア・パワーという軍事力に限っても、その統一指揮こそが近年の成功の要因であった可能性が存在する。すなわち、勝利の要諦は指揮のあり方、あるいは組織のあり方なのかもしれない。

おわりに

ドゥーエは今日では高く評価されているものの、実は同時代の軍人からは異端視されていた。ヴィジョナリーと呼ばれる思想家は時代を遥かに先取りした着想を抱いているがゆえ、同時代の人々からは殆ど理解されない運命にあるのである。

今日のエア・パワーは、ドゥーエが描いたもの――基本的には長距離爆撃機による空爆――を遥かに超え、広範な概念を含む言葉となった。その能力も飛躍的に発展した。その意味において、ドゥーエの夢は実現したように思われる。

本章の参考文献

エドワード・ワーナー「航空戦理論――ドーエ、ミッチェル、セベルスキー」エドワード・ミード・アール編著、山田積昭、石塚栄、伊藤博邦訳『新戦略の創始者――マキャベリーからヒットラーまで』原書房、下巻、一九七八年

デーヴィッド・マッカイザック「大空からの声――空軍力の理論家たち」ピーター・パレット編著、防衛大学校「戦争・戦略の変遷」研究会訳『現代戦略思想の系譜――マキャヴェリから核時代まで』ダイヤモンド社、一九八九年

Giulio Douhet, *The Command of the Air* (Maxwell, Alabama: Center for Air Force History, 2013)

Thomas Hippler, *Bombing the People: Giulio Douhet and the Foundations of Air-Power Strategy 1884–1939* (Cambridge: Cambridge University Press, 2013)

Sebastian Cox, Peter Gray, eds., *Air Power History: Turning Points from Kitty Hawk to Kosovo* (London: Frank Cass, 2002)

Colin S. Gray, *Airpower for Strategic Effect* (Maxwell, Alabama: Air University Press, 2012)

Colin S. Gray, "The United States as an Air Power," "The Advantages and Limitations of Air Power," and "Air Power and Defense Planning," in Colin S. Gray, *Explorations in Strategy* (Westport, CT: Praeger, 1996)

Benjamin S. Lambeth, *The Transformation of American Air Power* (Ithaca, NewYork: Cornell University Press, 2008)

Benjamin S. Lambeth, "Airpower, Spacepower, and Cyberpower," *Joint Force Quarterly*, Issue 60, 1st Quarter, 2011

Tony A. Mason, *Air Power: A Centennial Appraisal* (London: Brassey's, 2002)

Phillip S. Meilinger, ed., *The Paths of Heaven: The Evolution of Airpower Theory* (Maxwell, Alabama: Air University Press, 1997)

Colin S. Gray, "Airpower Theory," and John Andreas Olsen, "Airpower and Strategy," in John Andreas Olsen, ed., *Airpower Reborn: The Strategic Concept of John Warden and John Boyd* (Annapolis, Maryland: Naval Institute Press, 2015)

John Andreas Olsen, ed., *A History of Air Warfare* (Washington, D.C.: Potomac Books, 2010)

John Andreas Olsen, ed., *Routledge Handbook of Air Power* (Oxford: Routledge, 2018)

David Jordan, "Air and Space Warfare," in David Jordan, James D. Kiras, David J. Lonsdale, Ian Speller, Christopher Tuck and C. Dale Walton, *Understanding Modern Warfare* (Cambridge, New York: Cambridge University Press, 2008)

Tami Davis Biddle, *Rhetoric and Reality in Air Warfare: The Evolution of British and American Ideas about Strategic Bombing, 1914–1945* (Princeton, NJ: Princeton University Press, 2002)

Tami Davis Biddle, "British and American Approaches to Strategic Bombing: Their Origins and Implementation in World War II Combined Bomber Offensive," in John Gooch, ed., *Air Power: Theory and Practice* (London: Frank Cass, 1995)

Malcolm Smith, *British Air Strategy Between the Wars* (Oxford: Clarendon Press, 1984)

第八章　バジル・ヘンリー・リデルハート——二〇世紀を代表する戦略思想家

はじめに――リデルハートとその時代

イギリスの戦略思想家バジル・ヘンリー・リデルハート（一八九五〜一九七〇年）は、イギリス人牧師の子供としてパリで生まれ、ロンドン近郊で死去した。一九六六年には、ナイトの称号を授かっている。

リデルハートは、商業力及び海軍力を基礎にした大英帝国がその絶頂期に達していたエドワード朝時代に生まれ、裕福なブルジョワ家庭に育ったため、名門パブリック・スクール（私立高校）であるセント・ポール校、そして、ケンブリッジ大学のコーパス・クリスティ・カレッジで教育を受けた。

幼年時代のリデルハートは、航空機や戦争ゲームに異常なまでの関心を示したとされるが、その体格は屈強とは言えず、一三歳の時には、志望した海軍学校の入学試験を身体検査で不合格にされている。

その後、彼の人生における最大の事件が起こった。すなわち、第一次世界大戦（一九一四〜一八年）でリデルハートは陸軍を志願、大学の将校養成センターで訓練を受けて臨時将校となった後、一九一四年冬からヨーロッパ西部戦線に従軍した。

第一次世界大戦後、一九二七年にリデルハートは、健康上の理由から軍人としての経歴に終止符を打ったが、彼はまだ大尉（キャプテン）であった。退役後の彼は、作家及びジャーナリストとして活躍した。

一　リデルハートと第一次世界大戦

イギリスの「時代精神」

リデルハートの人生には何度か大きな転機が訪れたが、その中でも最大のものは、やはり第一次世界大戦の経験である。

彼は一九一六年七月に始まるソンムの戦いにも参加したが、部隊は壊滅、自らも負傷した。この戦いの初日だけでイギリス陸軍は約六万もの死傷者を出したが、これは同国の戦争史上、一日の死傷者数としては最大である。ヨーロッパ西部戦線でのこうした原体験が、戦略思想家としてのリデルハートを規定したと言っても過言でない。

この大戦が勃発した時、リデルハートは大学での最初の一年を終えたばかりであった。興味深いことに、この大戦に対する当初の彼の反応は、イギリス中産階級出身の若者に共通して見られたものであった。すなわち、それは愛国主義的かつ理想主義的であり、さら

バジル・ヘンリー・リデルハート（1895〜1970）。イギリスの戦略思想家。第一次世界大戦に従軍し負傷。1927年陸軍大尉で退役。37年陸軍大臣顧問。第二次世界大戦後は著作活動に専念。主な著書に『戦略論』。

には、当初この大戦は短期間で終結すると考えられていたため、少しでも早く戦場に赴いて自らの価値を証明しようというものであった。

　第一次世界大戦の戦場でリデルハートは、戦争に対する英雄的かつ空想的なイメージと現実に経験した惨禍の間の、あまりにも大きな溝（ギャップ）に衝撃を受けたが、この衝撃こそ、その後の彼の戦略思想を形成する不断の原動力となった。例えば後年、彼は二巻本の『回顧録』で「戦争で同じ目的を達成するために必要とされる人的犠牲と物的損害を極小化するにはどうすべきか」という問題意識こそ、後の「間接アプローチ戦略」の原点であったと明言している。

　また、こうした原体験があって初めて、「現代の戦争では既に『勝利』は戦争目的としての意味を失っており、『戦後の平和』構想なき戦争指導は無意味である」という、国家政策をめぐる彼の確信が生まれてきた。

1916年7月〜11月の間にフランス北部を流れるソンム川近くで展開されたソンムの戦い。イギリス軍の歴史上最高の1日1万9000人の戦死者と4万1000人の負傷者を出した。

この大戦をめぐるリデルハートの一連の著作の内容が、主として一九一四〜一五年という前期、すなわちイギリス軍が失敗を重ねていた時期に集中しているのも、戦場での彼自身の衝撃が大きかったからであろう。

第一次世界大戦の衝撃

この大戦当初、イギリス政府に無批判で愛国主義者であったリデルハートに、戦後、政府を厳しく批判させたのはいかなる理由であったのであろうか。

イギリスの歴史家ブライアン・ボンドによれば、第一に、彼は戦場で多数の軍事的失敗に接したため、さらには、戦後、軍事的失敗に関する多くの史資料や著作に接したため、イギリス陸軍には劇的なまでの改革が必要であると認識し始めた可能性が考えられる。

第二に、リデルハートは一九一四年のヨーロッパ大陸での戦争にイギリスが参戦した必要性に対して、戦後、極めて懐疑的になっていた。確かに、同国は第一次世界大戦に過度に関与し、大規模な消耗戦争を戦った後、国家として完全に疲弊した。それもあって彼は、イギリスの誇る海軍力に依存した「間接アプローチ戦略」を用いる方が、同国の国益にかなうと考えた。

第三に、戦争が節度ある政治の統制から逸脱し、長期かつ過度な犠牲を伴うものになり、さらには、戦後の平和が極めて不安定かつ疑わしいものになった事実をリデルハートは強く懸念した。

第一次世界大戦の「遺産」

リデルハートは第一次世界大戦後、戦略思想家としてその頭角を現し、イギリス陸軍指導者層とその軍事戦略を厳しく批判した。一九二〇～三〇年代の彼のかなり挑発的な主張を要約すれば、軍人は何も学んでいないため、仮にヨーロッパで次なる戦争が起きれば、第一次世界大戦と同様の酷い過ちを繰り返すであろうというものになる。

但し、ここで注意を要するのは、この大戦での彼の実戦経験はソンムの戦いの前半までであり、彼にはこの戦いの後半、さらに一九一七年や一八年においては全く実戦に接していない。

だが、まさにこの時期にこそ、イギリス陸軍がヨーロッパ大陸において膨大な資源を投入し、連合国側の最終的な勝利に貢献したのである。また、軍事戦略の次元での革新的な概念が多々登場したのもこの時期であり、その意味でリデルハートは、西部戦線での膠着した塹壕戦というイメージに囚われ過ぎていた。

代替戦略としての「間接性」

リデルハートはその主著『戦略論』で、第一次世界大戦を次のように端的に評価している。「ドイツが最終的に崩壊した原因は、出血による損害によるものではなく、むしろ、連合国側が海軍力をもって加えた経済的圧力に起因する飢餓状態である」。「その一つは海軍力が果たした決定的な役割であり、海上ではいかなる決定的海戦がなかったにもかかわらず、海軍力は、経済的圧力によって敵の崩壊をもたらしたのである」。ここに、「間接アプローチ戦略」を重視する彼の戦略思想が見受けられる。

リデルハートによれば、歴史的にイギリスの国家政策の核心は外交と財政を巧みに結合させることであり、伝統的に同国は、自国の軍隊を「酵母」としてヨーロッパ大陸に派遣し同盟諸国の戦争努力に協力することがあったが、この大戦ではその「イギリス流の戦争方法」から逸脱した。

こうした反省から彼は、「直接アプローチ戦略」に対する「間接アプローチ戦略」、「拡大する急流」、「収縮する漏斗」、「暗闇の中の人間理論」、敵を「麻痺させる（paralyze）」、「攪乱させる（dislocate）」といった概念を用いて国家戦略及び軍事戦略の次元の「間接性」の重要性を強調したが、こうした概念はいずれも戦争及び戦略をめぐる人々の思索を促すためのいわばキャッチフレーズであった。

リデルハートの戦略提言

確認するが、リデルハートの戦略思想の原点は、第一次世界大戦にあった。彼は一九二五年に『パリス、または戦争の将来』を刊行したが、パリスとは不死身の英雄アキレスの弱点を見抜き、彼の踵（かかと）を矢で射抜いて死に至らしめたギリシア神話に登場するトロイの王子である。

同書でリデルハートは、この大戦で連合国軍が、主戦場での敵の軍事力の撃滅といった誤った戦争目的を掲げたと厳しく批判した後、国家政策の次元であれ軍事の次元であれ、戦略の役割とは敵の「アキレス腱」を発見し、それを効果的に活用することであると唱えた。併せて彼は、そのための手段として航空機の潜在能力に注目し、航空機こそ、政府、産業、国民を防御する陸軍力を飛び越えて、敵の抗戦意志や政治の中心を直接かつ即時に攻撃できる革命的な軍事力であると、イタリアの空軍戦略思想家ジウリオ・ドゥーエ（本書第七章を参照）と同様の主張を展開した。

また、一九二七年の『近代軍の再建』では以下のような議論が展開された。第一に、第一次世界大戦での西部戦線の膠着状態を再び繰り返さないための唯一の方策は、騎兵部隊の復活以外に考えられず、また、戦車部隊による機動こそ、騎兵の現代版である。第二に、リデルハートは戦車を大量かつ集中的に運用することによってのみ、その新たな騎兵的な役割を果たすことができると主張した。第三に、彼は戦車を用いて国家目的を追求すれば、最小限の人的及び経済的犠牲で敵の抗戦意志を破壊できると期待した。最後に、彼は戦車が備えた潜在能力をさらに向上させる兵器として航空機の重要性を強調した。

クラウゼヴィッツ批判

リデルハートの著書及び論考は多岐にわたり、その内容も少しずつ修正されているが、少なくとも一九二〇年代から三〇年代初期の著作は、第一次世界大戦における国家政策や戦争指導に対する批判、とりわけその原因とされたカール・フォン・クラウゼヴィッツ（本書第一章を参照）批判で一貫している。

この大戦に対する彼の最大の疑問は、仮に戦場で決定的な勝利を獲得できたにせよ、それが結果として味方に膨大な犠牲を強いるものであるとすれば、戦争の勝利にいかなる意味があるのかという点であった。

彼は、既に一九二四年の論考「ナポレオンの誤謬」で、敵軍主力に対し決戦を求めるような「絶対戦争を遂行することは誤謬である」と、さらには、その誤謬の原因がクラウゼヴィッツの戦略思想にあると指摘していた。さらに彼は、『ナポレオンの亡霊』(一九三四年)でクラウゼヴィッツを「大量集中理論と相互破壊理論の『救世主』」と批判した。

実際、この大戦の惨禍に対するリデルハートの反発は、戦略思想家としての彼自身をクラウゼヴィッツ批判に駆り立てた。彼のクラウゼヴィッツ批判を要約すれば、クラウゼヴィッツはナポレオンの決戦志向を理論化し戦場における敵軍事力の撃滅を最良とする「直接アプローチ戦略」を唱えたが、これこそ、第一次世界大戦での参戦諸国の悪しき戦略思想を支配した原因であり、この戦略の結果、大戦が不必要なまでの大量殺戮の舞台になったとするものである。

リデルハートによれば、この大戦の惨禍はクラウゼヴィッツの信奉者が敵軍事力の撃滅、それも、正面からの攻勢に固執したため生じたものである。確かに、膨大な犠牲者数を踏まえれば、この大戦を否定的に評価したリデルハートの「感情」は理解できよう。実際、第一次世界大戦の惨禍を二度と繰り返すまいという彼の素朴な感情は、同時代のヨーロッパの人々に広く共有されたものであった。

他方、常識的に考えれば一人の人物の「思想」が一つの戦争の様相を規定することなどあり得ない。明らかにリデルハートは、クラウゼヴィッツの思想の影響を過大に評価していた。

とは言え、彼は必ずしも「平和主義」に傾倒したわけではなく、仮に将来、再び戦争が生起した場合、いかにして最小限の犠牲で戦争目的を達成するかについて思索したのである。そして、これに対する彼なりの回答が、「間接アプローチ戦略」として知られる概念であった。この概念は、軍事戦略の次元と同様、国家戦略の次元にも適用可能なものである。

例えば、一九四六年の『戦争の革命』でリデルハートは、ヨーロッパの戦争が、一八世紀に見られたような抑制と中庸から、第一次世界大戦で見られた野蛮な行為へと変化し、クラウゼヴィッツが国民の力を動員するためのフランス革命を評価したのに対し、彼は、これを総力戦の起源であるとして否定した。

彼によれば、大規模な徴兵から構成される軍隊は、第一次世界大戦を可能にしただけでなく、まさに戦争の「絶対性」を規定した原因であった。

限定関与政策と「宥和政策」

戦間期におけるリデルハートの政策提言で、最も影響力を有したものは、いわゆる限定関与政策であった。

彼の提言を政治家で後の首相ネヴィル・チェンバレンがどれほど重要視したかについて

は不明であるものの、とにかくこの限定関与政策は、一九三七〜三八年のイギリスの「宥和政策（アピーズメント）」の理論的支柱となった。

実際、大多数のイギリス国民にとってリデルハートという名前と限定関与政策は同義であり、一九三八年のミュンヘン会談後、彼が自らの主張を修正してもこの認識に変化はなかった。

『戦略論』の誕生

リデルハートの名前は、一九二九年の『歴史上の決定的戦争』の刊行で広く知られるようになったが、同書は一九四一年に『戦略論』と改題され、その後は何度も改訂版が刊行されている。

彼が「間接アプローチ戦略」という概念を初めて明確かつ体系的に用いたのは『歴史上の決定的戦争』であり、同書が、その後の数次にわたる加筆修正を経て、最終的に一九六七年の『戦略論』として「完成」したのである。

その意味で『戦略論』は、リデルハートの戦略思想のいわば集大成であり、戦争と戦略をめぐる長年にわたる彼の思索の産物である。

第一次世界大戦の反省に基づいて彼は『戦略論』で、「間接アプローチ戦略」の概念を八つの具体的原則として提示している。すなわち、①手段を目的にではなく、目的を手段に適合させせよ、②全行動を通じて掲げる目的の首尾一貫性を確保せよ、③心理的には、敵の最小予期線を選んで前進せよ、④物理的には、敵の最小抵抗線を選んで前進せよ、⑤複数の代替目標を備える作戦線を採用せよ、⑥現段階に集中するあまり、次なる段階の展望と準備を忘れてはならない、⑦十分に準備態勢を整え、抜かりない敵を正面から攻撃してはならない、⑧失敗した作戦を同じ形で繰り返してはならない、というものである。

彼は、時代に関係なく戦争で効果的な成果を得るには、敵の準備不足に乗じて敵を攻撃することを確実にするため、「間接アプローチ戦略」を用いなければ殆ど不可能であると考えた。この「間接性」は、物理的にはほぼ毎回必要とされるものであるが、心理的には常に不可欠な要件であるという。つまり、「間接アプローチ戦略」とは優れて心理的な概念なのである。

例えば、古代ギリシア世界においてテーベは、エパミノンダス（紀元前四一八～紀元前三六二年）が登場する以前の数年間、後に「ファビウス方式」として知られるようになる戦い方によって、スパルタの支配から脱出した。リデルハートによれば、この戦い方は基本的に戦闘を回避するもので、一種の「間接アプローチ戦略」である。

つまり、紀元前三世紀のローマの軍人でカルタゴのハンニバル・バルカと対峙したクィントゥス・ファビウス・マクシムスの戦略は、単に時間稼ぎのために戦闘を回避するだけでなく、それが敵の士気に及ぼす効果を計算したものであり、さらには、敵の潜在的な同盟諸国に対する効果も計算に入れたものであった。そしてテーベはそれより一〇〇年以上前に、同様の戦い方を用いて危機を乗り越えた。

リデルハートによれば、戦略の目的は敵が抵抗する可能性の低下を味方の最小限の犠牲で達成することであり、これは、戦闘を求めるのではなく、むしろ有利な戦略環境を追求することによって達成されるはずであった。

また、「間接アプローチ戦略」という概念は、いわば精神のあり方に関するものであり、例えば、地図上である方向を指示するような狭義の思考ではない。

さらに「イギリス流の戦争方法」、「最小抵抗線」、「最小予期線」といった概念も、「間接アプローチ戦略」という基礎から派生し、同時にそれを支えるある種のものの見方、「感覚」である。単純化すれば、リデルハートにとって「間接アプローチ戦略」とは、物理及び心理的な敵の「攪乱（ディスロケーション）」と戦果の「拡大（エクスプロイテーション）」をめぐる問題であった。

彼によれば、「間接アプローチ戦略」の最も分かりやすい事例は、「柔術」のように敵に誤った行動を取らせるよう誘い込むことである。敵の力そのもので、その敗北に繋げるという発想であった。

『第一次世界大戦』

一九三〇年の『真の戦争』（同書は一九三四年の改題及び加筆修正版を経て一九七〇年に『第

一次世界大戦』として刊行）に代表されるように、リデルハートの論述は演繹的であり、その目的は、将来に対する何らかを示すことであった。将来、過去の過ちを繰り返さないことが目的であった。当然ながら、彼の論述には、過去の成功事例よりも失敗例が多く見受けられる。

併せて、『真の戦争』でのリデルハートの主たる関心事項は、軍事指導者のリーダーシップについてであり、「偉大な将軍（グレート・キャプテン）」の考察に注力している。

もちろんそこには、戦車の積極的運用と機甲化部隊の創設を提唱し高く評価された戦略思想家と、総力戦思想の流れに背を向け、イギリスが関与する戦争は限定的なものに抑制され、高度な機動力を有する職業軍人によって戦われなければならず、かつ、非凡な能力を備えた指導者によって遂行されなければならないと考える、決して平和主義者ではないがリベラルな戦略思想家の、どちらが本当の自分なのか苦悩するリデルハートの姿が認められる。

しかし、彼が同書及び『第一次世界大戦』で完全に見落としていた点は、産業化社会における大規模軍隊の運用に求められる能力とは、英雄的なものではなく、むしろ、管理運営をめぐるものであったという事実である。

二　リデルハートと第二次世界大戦

第二次世界大戦の衝撃

前述したように、リデルハートと聞くと直ちに「間接アプローチ戦略」を思い浮かべる読者も多いであろう。確かに、「間接アプローチ戦略」と「直接アプローチ戦略」という二項対立的な概念を提示することで、彼が戦争及び戦略に対する人々の理解に大きく貢献したことは事実である。

だが、実は「間接アプローチ戦略」という概念と同等、あるいはそれ以上に重要なのが、「リベラルな戦争観（the liberal visions of war）」さらには「西側流の戦争方法（the western way in warfare）」という概念であり、実際、これが近年のリデルハートに対する高い評価に繋がっている。

繰り返すが、リデルハートの戦略思想形成の最大の契機となったのは、自らも戦場に赴いた第一次世界大戦であった。だが同時に、戦間期の激動するヨーロッパ国際環境、そしてその結果として生じた第二次世界大戦に接することで、彼の戦争観及び平和観にはさらに大きな変化が見られた。

以下では、第二次世界大戦の進展と共にリデルハートの戦略思想がどのように変遷し、前述した様々な概念が生まれてきたかに焦点を絞って検討する。

「リベラルな戦争観」と「西側流の戦争方法」の形成

二〇世紀前半を中心に活躍したリデルハートは、二〇世紀の後半になってもしばしば引用され、そして研究された。

とりわけ第二次世界大戦後のアメリカとソ連による冷戦という対立構図の下、さらには核兵器で相互に威嚇し合った「恐怖の均衡」の下では、彼の唱えた「間接アプローチ戦略」という概念が、軍事戦略の次元においても国家戦略の次元でも大いに参考にされた。

ここで重要な点は、イギリスとアメリカという自由民主主義を標榜する国家、さらには現状維持国が用いようとした国家戦略の共通性であり、リデルハートとアメリカの外交官で国際政治学者ジョージ・F・ケナンが、後に「リベラルな戦争観」として知られることになる国家戦略を抱いて国際政治を語っていた事実、そしてそのための手段として「間接アプローチ戦略」を掲げていた事実、である。

また、冷戦が終結し二一世紀を迎えた今日、一部で「ポストヒロイック・ウォー――犠牲者なき戦争」（エドワード・ルトワック）の到来が語られ、政治の手段としての戦争の有用性に疑問が呈され始めた中で、「リベラルな戦争観」さらには「西側流の戦争方法」を提示したリデルハートの戦略思想が改めて注目を集めている。

リデルハートからケナンへ、あるいはイギリスからアメリカへ

リデルハートが「リベラルな戦争観」の生みの親として評価される理由は、第二次世界大戦前、一九三〇年代の激動するヨーロッパ国際環境の下、彼が最後までリベラル民主主義の立場を崩さず、その政治体制の下での最適な軍事戦略と国家戦略を模索し続けたからである。

具体的には、当時のナチス＝ドイツの台頭に直面し、リデルハートはリベラル民主主義国家で現状維持国であるイギリス、また、それゆえ自ら進んで戦争を実施することに利益を見出せず、自国民の強い反対によって対立の解決のため戦争に訴えること自体が困難である同国の時代状況に応え得る形の戦略を模索したのであり、その論理的帰結が、①封じ込め、②冷たい戦争（冷戦）、③抑止、④経済制裁、⑤集団安全保障、⑥限定関与、⑦防御の優位、といった概念となった。そして、これらの概念こそイギリスに代表されるリベラル民主主義国家の価値観や生活様式に合致した「戦い方」、すなわち、後に「西側流の戦争方法」として評価されるものであった。また、これらは二一世紀の今日の国際政治を語る際、旧西側の民主主義国家が用いる根源的な概念や用語になっているものばかりである。

リデルハートが第二次世界大戦を通じて、①徴兵制度、②戦略爆撃、③無条件降伏政策、

といった方針に断固として異議を唱えたのも、まさにこうした方策がリベラル民主主義の思想及び理念に反すると考えられたからである。

興味深いことに、ナチス＝ドイツや枢軸諸国側に対する戦略として第二次世界大戦前、そして大戦中にリデルハートが主唱していたことは、戦後、ドイツに代わってソ連が西側諸国の利益や生活様式に対する主たる脅威となった後も殆ど変化しなかった。そしてこの時代にこうしたイギリスの戦略を継承し、国際政治の舞台に臨もうとしたのがアメリカであった。

実は冷戦初期のアメリカの戦略形成に大きく貢献したケナンは、リデルハートが示した「リベラルな戦争観」を、同じく民主主義国家で現状維持国である同国に合致する戦略として提唱したのであり、それが有名な「対ソ封じ込め」として結実した。ここに、リデルハートの戦略思想がケナンへと継承された。

加えて、このリベラリズムを基調とする思想は、冷戦が終結した今日においても受け継がれており、それが「西側流の戦争方法」として知られるものである。その結果、リデルハートを「西側流の戦争方法」の生みの親として位置付けることも可能である。

さらに踏み込んで言えば、「西側流の戦争方法」は今日の日本の国家政策にも概ね共有されている。こうした事実に注目すれば、確かにリデルハートは、一九世紀のプロイセン＝ドイツの戦略思想家クラウゼヴィッツと比肩されるべき、二〇世紀を代表する戦略思想家であると言える。

ファシズムvs.「リベラルな戦争観」

実際、イスラエルの国際政治学者アザー・ガットの著『ファシスト及びリベラルな戦争観』は、二〇世紀思想史という文脈の中に、リベラル民主主義の思想を基礎としたリデルハートの軍事戦略と国家戦略を位置付けている。

同時代のイギリスの戦略思想家J・F・C・フラーがファシズムに傾倒し、実際に国内でのファシスト運動に参加していく中で、彼は最後までリベラル民主主義の立場を崩さなかった。

興味深いことに、リデルハートは、イギリスが保持する最高の武器とは国内において自由かつ公正な社会を構築している事実であり、これを、ドイツがヨーロッパで唱える「新秩序」に対抗し得る魅力的な代替策として世界に示すべきである、と考えた。彼によれば、ドイツとは「冷たい戦争」の下で共存すれば良いのであり、また、残念ながら一九三九年に第二次世界大戦が勃発した後は、武装したままでの停戦――あるいは「奇妙な戦争」――とその後の相互抑止体制をドイツとの間に構築することが重要なのであった。

リデルハートの戦争観と平和観

では以下で、こうしたリデルハートが示した概念に通底する彼の政治思想、さらには戦争観と平和観について考えてみよう。

彼は、「政府というものはせいぜい必要悪に過ぎない。経験に照らしてみれば、専制主義的な政府は直ちに能率性の向上をもたらすことはできるが、徐々にその能率性の究極的な基盤を切り崩しているのである。議会制民主主義の長所は、政府そのものにあるのではない。政府による権力の乱用を阻止することが可能という点にあるのである。（中略）完全なる自由は達成不可能かもしれないが、精神の発展に最低限必要な条件とは、自分が考えたことを言葉として表現するに際して、真の意味で自由であるということである」と政府に対する自らの立場を述べているが、まさにこれはリベラル派と呼ばれる人々の政治思想である。

また、平和をめぐって彼は、「平和とは正義、自由、言論の自由、そして個人の成長や生活に不可欠な条件を維持する目的のために価値を有するに過ぎない」、といわゆる平和主義者とは距離を置いた冷めた立場を記している。さらに彼は、徴兵制度に激しく反対した事実で知られるが、そこでは、全体主義国家に対して全体主義的な方法で戦ってはならない、と唱えている。彼によれば、個人の権利は国家の権利より上位に位置するのであり、目的が手段を正当化するようなことがあってはならない。ここにも、リベラル派としてのリデルハートの思想の一端がうかがわれる。

戦争をめぐってリデルハートは、「軍事行動はその頭部、すなわち国家目的によって支配されなければならない。我々は我々の利益を守るために戦争に引き込まれるかもしれないが、また、侵略者に対してリベラル民主主義の文明の存続を確保しなければならないが、これは我々が『イングランド』と呼ぶ際にその背後に隠された大切な概念である。この目的を達成するために我々の側が『過剰な戦争』に訴える必要はない。他国の征服を目的とする侵略者にとっては、敵の軍事力の完全な破壊と敵国領土の占領は自らの成功のために必要不可欠なものかもしれないが、これは我々には当てはまらない。我々が、敵に対して征服は不可能であると説得さえできれば、我々の目的は達成される」と述べている。

これこそ、リベラル民主主義国家かつ現状維持国としての当時のイギリスが置かれた立場を象徴する思想であり、古くは「ビザンツ流の戦争方法」、そしてこれを継承したとされる「イギリス流の戦争方法」の根底を流れる思想である。

三九五年のローマ帝国の東西分裂後、一四五三年まで一〇〇〇年以上も続いたビザンツ帝国（東ローマ帝国）が実施する戦争の究極的な目的は、敵に対して戦争に訴えることでは得るものがなく、逆に失うものが大きいことを納得させることであった。そして、その主たる戦略方針は、攻勢によって決着を付けようとする自らの虚栄心を抑制することであった。

戦争の勝利という「幻想」

第二次世界大戦が連合国側に優位に進展するにつれて、ドイツの敗北はほぼ確実になりつつあったが、リデルハートは、長期間に及ぶ総力戦の結果として得られた勝利が、母国イギリスを完全に破産させ、大英帝国を崩壊させることになると危惧した。ヨーロッパ大陸のライバル諸国と比較しながら彼は、イギリスは常に小規模な国家であって敵国を完全に破壊することなど不可能であり、それを試みたことさえなかったと主張する。

さらに彼は、歴史が教えるところでは、勝利という概念はもはや幻想に過ぎなくなったと指摘、戦争への熱狂を捨て、和平に向けて冷静に対応すべきと訴えた。

リデルハートによれば、この大戦でイギリスが完全な勝利を追求することは、結果としてアメリカとソ連を超大国へと押し上げるだけであり、それがさらなる対立構図を生むことになる。実際、一九四三年一〇月の時点で既にリデルハートは、この大戦の結果としてソ連が東部及び中部ヨーロッパを支配下に置き、ドイツをも支配下に置くであろうと予測していた。彼によれば、西側諸国の影響力が及ぶのはそれ以外の僅かな地域だけであった。そのため戦争末期を迎えて彼は、改めてドイツとの交渉による和平を強く主張し始めた。

無条件降伏政策と戦略爆撃方針

第二次世界大戦を通じてリデルハートは、イギリスの「戦い方」に反するものとして無条件降伏政策と戦略爆撃方針を強く批判したが、その真意について検討してみよう。

一九四三年一月のカサブランカ会議でアメリカとイギリスは、枢軸諸国側の無条件降伏を要求することで意見の一致を見たが、リデルハートは直ちにこれに反対する内容の覚書をイギリス政府に送付している。

彼によれば、無条件降伏政策は交渉による戦争の終結という可能性を閉ざし、ドイツ国民、とりわけナチス政権に反対する人々の活路を閉ざすことになり、結局はヒトラーを利することになるだけであった。

さらにドイツに対する戦略爆撃であるが、リデルハートが主張したようにこの方針もまた、徹底的かつ無慈悲なものであり、その倫理性をめぐって批判されるところも多々あった。

リデルハートとチャーチル――第二次世界大戦の「戦い方」をめぐって

第二次世界大戦の勃発を受けて、後に首相に就任するウィンストン・チャーチルは、国家による最大限の戦争努力と攻勢的な戦略を主張、当時のイギリスの「宥和政策」を厳しく批判した。彼はドイツとの全面戦争――総力戦――を強く唱えたが、逆にリデルハートは、これに強く反対した。ここに、第一次世界大戦以来、「間接アプローチ戦略」に基づいた政策を同じく唱えていたチャーチルと、遂にリデルハートは決別した。

制限戦争(限定戦争)への射程

早くも第二次世界大戦後の一九四九年にソ連が核実験に成功した事実によって、西側民主主義諸国は相手の核攻撃を抑止する以外、核兵器に頼ることができないというリデルハートの確信を益々強めた。さらにその破壊的な威力を考えれば、核兵器は信頼に足る抑止力を提供することも、ソ連の西ヨーロッパ侵攻に対する防御策を提供することも、あるいは核を用いない世界のいかなる脅威に対する防御策を提供することもできなくなった。

実はリデルハートは既に、一九四〇年代後半にこうした状況を予測していた。一九五〇年に勃発した朝鮮戦争以前のことであり、また、アメリカが掲げた大量報復政策への批判が高まり制限戦争（限定戦争）という概念が西側諸国の安全保障問題専門家に共有される遥かに前のことであった。皮肉なことに、核兵器の存在が制限戦争への回帰を促したのである。

実際、冷戦が拡大するに従って、第二次世界大戦でのドイツに対する無条件降伏政策への批判、そしてソ連の脅威を認識できなかった西側（連合国側）諸国の指導者——その代表的人物がチャーチル——に対する批判は、高まる一方であった。そして、この時点で既にリデルハートの戦略思想は再評価され始めていた。

孫子の影響

リデルハートの戦略思想に及ぼした古代中国の『孫子』の影響は特筆に値しよう。実際、

『戦略論』はその冒頭で「間接アプローチ戦略」の要諦を伝える一八個の格言を引用しているが、その中の一二個が『孫子』からの引用である。その一二個とは、「兵は詭道なり」や「戦わずして人の兵を屈するは、善の善なるものなり」など、そのいずれも『孫子』の中核的概念である。

だが実際は、リデルハートは一九二七年まで『孫子』の存在について全く知らず、その英語版に最初に接したのは一九四二年であった。つまり、彼は『孫子』から何かを学んだというよりは、従来唱えていた持論が、『孫子』の内容と極めて近いことに意を強くしたというのが真実に近い。

三　リデルハートの「遺産」

リデルハートとクラウゼヴィッツと

確かに、クラウゼヴィッツの戦略思想が備える観念論的な「普遍性」と比較すれば、リデルハートの実践的な思想がやや見劣りすることは否定できない。だが同時に、本章で示した「リベラルな戦争観」及び「西側流の戦争方法」の今日的意義を考えれば、リデルハートに対する近年の高い評価にも納得できよう。

また、直接的であれ間接的であれ、リデルハートから何らかの影響を受けたと認める研究者及び軍人の数の多さに注目すれば、改めて彼の偉大さを思い知らされる。

リデルハートが、デニス・ヒーリーやマイケル・ハワード等と共に、日本でも今日IISSとして知られるイギリス国際戦略研究所の設立及び発展に寄与した事実は誰もが知っており、また、彼が主宰した数多くの研究会や「サロン」を通じて、世界中にリデルハートを師と仰ぐ優れた研究者や軍人が数多く登場した。

リデルハートの後継者たち

ロバート・オニール（元オックスフォード大学教授）は、リデルハートの「遺産」について次のように的確に記している。「彼は我々に知識、議論の実践、そして最も重要なことには勇気を与えてくれた。この勇気は、思想家一個人が影響力を及ぼし得ることがあるという彼自身の事例によって、そして、彼が我々個人に関心を抱き続けてくれた事実によって与えられたものである。彼はまた、戦略や戦争史という研究領域が我々の生涯を懸けて学ぶに値するものであるという永遠の確信を我々に与えてくれたのである」。

その他にも、「非暴力におけるクラウゼヴィッツ」との異名で知られるアメリカの政治学者ジーン・シャープの思想へのリデルハートの影響は特筆に値しよう。とりわけ「間接アプローチ戦略」という概念の影響である。実はシャープは、オックスフォード大学教授アダム・ロバーツの指導を受け自らの博士論文を作成したが、ロバーツもまた、リデルハートに強く影響を受けた研究者であった。

おわりに――「反戦主義者」ではなく、「反大量殺戮主義者」

一九二〇年代半ばに健康上の理由でイギリス陸軍を退役してからその死に至るまで、本質的には、リデルハートはジャーナリストであった。

だが、著作を出版して生計を立てる必要から、彼の仕事量は増大、その質は必ずしも高いものとは言えなくなった。『第二次世界大戦』の「序文」で夫人が「十分な資産を持たなかった夫は、雑文や簡単に完成できる著作の執筆に追われ」と記しているように、リデルハートが生計維持の手段として著作を発表し続けたことが、後年、彼に対するやや否定的な評価に繋がったことは事実である。

だが、こうした事実を認めた上で、軍事史という新たな学問領域を確立させたリデルハートの功績、そして「間接アプローチ戦略」と「直接アプローチ戦略」、「リベラルな戦争観」や「西側流の戦争方法」という、今日でも戦争や戦略について理解するための有用な概念を提示したリデルハートの功績は、高く評価されてしかるべきである。

よく考えてみれば、リデルハートは決して「反戦主義者」ではなく、「反大量殺戮主義者」であった。事実、「平和を欲すれば戦争を理解せよ」との彼の言葉は、「平和を欲すれば戦争に備えよ」という古代ローマの格言を修正したものである。

おそらくリデルハートは、常に将来を見据えながら戦略を語っていたのであろう。彼が的確に述べたように、平和に対する万能薬など存在しない。平和を欲するのであれば、戦争を理解する必要がある。

そして彼にとっては戦争の「流血なき勝利」が重要とされたが、はたして「流血なき勝利」は可能かという問いは今日でも残ったままである。

また、どれほどリデルハートが戦争の局限化を唱え、迅速かつ決定的な軍事的勝利――「電撃戦」――によって戦争の早期終結を唱えたにせよ、現実の第二次世界大戦は、消耗戦争あるいは総力戦の様相を益々強め、彼の期待は裏切られた。

彼は「旧き良き時代」の戦争――一八世紀の制限戦争（限定戦争）――への回帰を模索したが、時代及び社会状況の変化と戦争の様相の変化の関係性を踏まえると、こうした期待もまた幻想に過ぎなかったように思われる。

本章の参考文献

B・H・リデルハート著、市川良一訳『リデルハート戦略論――間接的アプローチ』原書房、上下巻、二〇一〇年

Brian Bond, *Liddell Hart: A Study of His Military Thought* (London: Cassell, 1976)

Brian Bond, *British Military Policy between the Two World Wars* (Oxford: Clarendon Press, 1980)

Azar Gat, *Fascist and Liberal Visions of War: Fuller, Liddell Hart, Douhet, and Other Modernists* (Oxford: Clarendon Press, 1998)

Michael Howard, “The British Way in Warfare: A Reappraisal,” “Three People: Liddell Hart, Montgomery, Kissinger,” in Michael Howard, *The Causes of Wars and Other Essays* (London: Temple Smith, 1983)

Hew Strachan, “The British Way in Warfare Revisited,” *Historical Journal*, 26 (1983)

Hew Strachan, “The British Way in Warfare,” in David Chandler, ed., *The Oxford Illustrated History of The British Army* (Oxford: Oxford University Press, 1997)

John Mearsheimer, *Liddell Hart and the Weight of History* (Cornell: Brassey’s, 1988)

Alex Danchev, *Alchemist of War: The Life of Basil Liddell Hart* (London: Weidenfeld & Nicolson, 1998)

Brian Holden Reid, *Studies in British Military Thought: Debates with Fuller & Liddell Hart* (Lincoln, NE: University of Nebraska Press, 1998)

John P. Harris, *Men, Ideas and Tanks: British Military Thought and Armoured Forces, 1903–1939* (Manchester: Manchester University Press, 1995)

David French, *The British Way in Warfare 1688–2000* (London: Unwin Hyman, 1990)

第九章　バーナード・ブロディ——「核時代のクラウゼヴィッツ」

はじめに——戦争は将軍だけに任せておくにはあまりにも重大な企て（ビジネス）

アメリカで戦争及び戦略研究が一つの学問領域として定着したのは、イギリスに代表されるヨーロッパ諸国からは少し遅れ、第二次世界大戦後、冷戦が勃発してからである。それまで戦争や戦略は軍人の専権事項であり、大学などでの研究対象とは考えられていなかった。

しかし、核兵器の登場が状況を一変させた。そして冷戦期のアメリカの国家政策、とりわけ核戦略の形成に大きな——直接的ではないにせよ——役割を果たしたのが、バーナード・ブロディ（一九一〇～七八年）であり、彼はそうした文民研究者の最初の世代に属する。

イギリスの歴史家マイケル・ハワードは、ブロディを「我々の世代の中で最も賢明な戦略思想家」と高く評価し、また、「ゲーム理論」で知られるアメリカの国際経済学者トーマス・シェリングは彼を、「考えられないことを考えた専門家の中で、その登場時期の意味からもその秀逸さの意味からも第一（最初：引用者註）の人物」と述べている。

このようにブロディは、まさに「戦略家のための戦略家」であり、実際、彼を「核時代のクラウゼヴィッツ」もしくは「アメリカのクラウゼヴィッツ」とする高い評価が存在する。

一　バーナード・ブロディとその時代

戦略研究の必要性

バーナード・ブロディは一九一〇年生まれ、ブロディ家は当時のロシア帝国からアメリカに移民（亡命）したユダヤ系の一家である。彼はシカゴ大学で哲学を学んだが、大学院も同じ大学で、博士論文のテーマは一九世紀の海軍の技術発展が外交に及ぼした影響についてであった。彼の生涯を通じての海軍に対する関心はこの時期に生まれた。

バーナード・ブロディ（1910〜78）。アメリカの国際政治学者、戦略思想家。第二次世界大戦中はアメリカ海軍の関係機関に勤務。エール大学、ランド研究所を経て、カリフォルニア大学ロサンゼルス校で教鞭を執った。

その後、プリンストン大学研究員としてブロディは最初の著作『機械時代の海事力』を刊行した後、直ちに二作目『海軍戦略入門』を上梓した。その後、彼はダートマス・カレッジに移り、「現代の戦争、戦略、そして国家政策」という講座を担当したが、おそらくこれこそ世界初の包括的な戦略学講座であった。

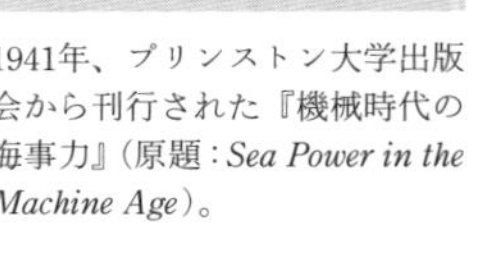

1941年、プリンストン大学出版会から刊行された『機械時代の海事力』（原題：*Sea Power in the Machine Age*）。

原子爆弾の登場

その後のブロディは、一旦、大学での学究生活から離れ、第二次世界大戦（太平洋戦争）後半をアメリカ海軍の関係機関で勤務し、そこで戦艦の将来について研究していたが、まさにこの時期にブロディの人生を一変させる出来事が起きた。

それが、一九四五年八月の広島に対する原子爆弾（原爆）投下であり、彼はこの知らせを聞いて直ちに、これまでの自らの研究がもはや時代遅れになったと悟った。同時に彼は、原爆投下の一報を新聞を通じてしか知り得なかった事実に衝撃を受け、そこに研究者という「部外者（アウトサイダー）」の限界を痛感した。

ブロディは、一九四六年の編著『絶対兵器——原子力と世界秩序（*The Absolute Weapon: Atomic Power and World Order*）』の刊行を機に核戦略に関心を寄せ、とりわけ核抑止戦略の分野でその後のアメリカ及び世界の研究の基礎を築いた。核兵器が実際に使用された直後に刊行された『絶対兵器』は、「抑止」という概念を中核に据えて書かれた著作であると共に、「大量報復」という思想の登場を想定しており、その後のアメリカの現実の核戦略を予見させるものであった。

第二次世界大戦イギリス空軍の抑止戦略

実は、近代的な意味での抑止という概念は、いわゆる戦間期のイギリスで生まれたものである。第一次世界大戦の反省を踏まえヨーロッパ大陸への限定的関与政策を標榜していた同国は、同大陸でのナチス＝ドイツの台頭に直面し、航空機、とりわけ長距離爆撃機の存在（プレゼンス）によってドイツに対する抑止力を構築及び強化しようと試みた。その結果、イギリス空軍は予算面でも比較的優遇され、爆撃機を中心にその抑止力の構築に努めた。ヒュー・トレンチャードに代表される優れた空軍戦略思想家が登場したのもこの時期であるが、こうした着想がアメリカに引き継がれたのである。

そこで、『絶対兵器』で示されたブロディの抑止の概念について考えてみよう。

二 「絶対兵器」の登場

原爆の衝撃

ブロディは原爆の登場が戦争や国家政策に及ぼす意味を最初に理解した人物であった。当時、多くの専門家にとって原爆はより大きな兵器に過ぎないとの評価が一般的であったが、これとは対照的にブロディは、原爆の登場によって戦争の様相、さらには国家政策及び戦略の基本的性質が一変したと考えた。

彼によれば、今後の国際環境は攻勢に支配され、都市は最も価値があり、かつ最も脆弱な目標（ターゲット）になった。そしてこうした国際環境の下では、軍事力を常に臨戦態勢に維持することが重要となる。もちろんこれは、敵との緊張をいたずらに高め、予防戦争を誘発する可能性すら秘めていた。だが、こうした見立ての中で既にブロディは、敵との緊張状態は、相互の恐怖を通じて安定をもたらす可能性があると期待していた。

ブロディの初期の代表作『絶対兵器』は、広島と長崎に原爆が投下されてから半年以内に執筆された著作であるが、同書で示された内容は、核時代におけるアメリカの国家政策について全般的な方向性を提示するものとなった。

この著作は五人の研究者による共著で、ブロディ自身は二つの章を担当しているが、そこで彼は、原爆の巨大な破壊力の結果、戦争の様相が根本的に変化したと論じた。彼によれば、「原爆の登場は、過去のいかなる軍事革新も比較することが馬鹿げたように思えるほど、その重要性を覆い隠した」。急遽執筆されたにもかかわらず、同書は核時代の抑止に関する最初の著作であるばかりでなく、その射程の広さと内容の質の高さで今日でもその輝きを失っていない。

原爆との共存

『絶対兵器』の根底を流れる思想は、いかに原爆を廃絶するかではなく、むしろいかに原爆と共存するかである。実際、同書の執筆者はいずれも、原爆を国際的に管理するよりも、その抑止力を有効に用いる方が平和に貢献すると固く信じていた。

ブロディによれば、原爆の登場によって、以下の八つの不可避的な結果が生じた。

①この爆弾の威力はあまりにも強大なため、世界のいかなる都市も一～一〇発の爆弾で効果的に破壊されてしまうであろう、②この爆弾に対する有効な防御策は存在しない。そして、将来におけるその可能性もおそろしく低いものであろう、③原爆は、新たな型の航空母艦の開発にこれまでにない軍事的価値をもたらしただけでなく、現存する航空母艦の破壊的な能力を大いに伸長させた、④空軍による優勢は、それ自身としては海軍や陸軍に

よる優勢よりも効果的な保護者であるが、同時に、安全を絶対的に保障するものとはなっていない、⑤原爆戦争においては、爆弾の数の優位がそのまま戦略的優位を保障するものではない、⑥原爆が政治的破壊工作（サボタージュ）に及ぼした新たな可能性について過大に評価してはならない、⑦爆弾の破壊能力に関連して、それの生産に必要な原材料という世界の資源については、豊富にあると考える必要がある、⑧アメリカがいかに現在の機密を保持すると決めようと、イギリスやカナダに加え、その他の諸国も今日から五〜一〇年以内に、必要な数だけの爆弾を製造する能力を持つことになろう。

「抑止」という概念の定着

確認するが、ブロディは『絶対兵器』で後年、核戦略の支配的概念となる抑止にいち早く注目した。

もちろん彼は、「絶対兵器」の登場によって戦争が絶対に不可能になったとは考えていない。だが彼は、原爆を限定的なやり方で運用する戦争（限定核戦争）の可能性をどうしても描くことができなかった。

そして、この事実がその後のブロディを苦悩させ続けたが、彼によれば、「その結果、原子爆弾時代のための全てのアメリカの安全保障計画の最初にして最も重要な段階は、攻撃を受けた際にある種の報復の可能性を我々自身に保障する措置を取ることである。ここで筆者は、原爆が用いられる次なる戦争で、誰が勝利するかについては今のところ関心を寄せていない。これまでは、我々の軍事エスタブリッシュメントの主たる目的は戦争に勝利することであった。だが今後は、主たる目的は戦争を回避することでなければならない。その他には有用な目的は殆どないのである」。

つまりブロディは、戦争を回避することこそ今日の政治指導者に求められている最も重要な任務であると主張する。そして、核兵器には、戦争を回避する――抑止――以外の目的は存在しない、と。

ブロディの論点は明確であり、人類が生き延びるためには抑止に頼る他なく、効果的な抑止は、自らの確証的な報復能力に対する敵の認識（パーセプション）に依拠するというものであった。さらに彼は、核戦略はもはや戦略ではないとの結論に達した。こうして彼は古代ギリシアの歴史家トゥキュディデスと同様、いかなる平和であれ、戦争と比べれば良いとの考えに至った。なぜなら、平和は戦争と比べ合意に達し易く、予見可能なものだからである。

水爆の登場

ブロディはこの著作で原爆を「絶対兵器」と表現したが、今日から振り返れば、彼は二つの意味で間違っていた。

第一に、一九四五年の段階では原爆は人類が創り出せる破壊力の究極と考えられたが、その直後に開発された水素爆弾（水爆）の威力と比較すれば、その衝撃は色褪せてしまった。

第二に、兵器の技術革新という絶え間ない過程では技術的頂点などなく、それゆえ、「最終（絶対）兵器」など存在しない。

とは言え、この「核革命」とも呼ぶべき事象は不可避的に軍事力に対する新たな考え方を生んだ。つまり、核戦争が勝者と敗者とを問わず破壊をもたらす恐怖に直面し、戦争は政治の継続であるとのクラウゼヴィッツ的な戦争観はその意味を失い始めた。

さらに戦争の勝利という概念そのものも、やや時代錯誤の感が拭えなくなった。実際、核兵器の登場に際して、イギリスの戦略思想家バジル・ヘンリー・リデルハート（本書第八章を参照）が鋭く指摘したように、「戦略の旧来の概念や定義は時代遅れになっただけに留まらず、核兵器の発展と共に無意味にさえなってきた。戦争の勝利を目的とすること、自らの目的として勝利を取り上げること、こうしたことは狂気の沙汰に等しい」。

以上、ブロディの『絶対兵器』は核兵器について考えるための主要な論点を提供した。同書は核時代における抑止に関する最初の著作であり、この時代のアメリカの国家政策――核戦略――の最初の包括的な表明ですらあった。

議題の設定（アジェンダ・セッティング）

では次に、核戦略をめぐるブロディの議題の設定(アジェンダ)(セッティング)について考えてみよう。

最初に、『絶対兵器』で既にブロディは、原爆に関するあらゆる事象は二つの単純な事実、すなわち、原爆が現実に存在し、その破壊力がおそろしく巨大なこと、に収斂(しゅうれん)される点をいち早く指摘すると共に、後にマクジョージ・バンディ（アメリカの政治学者）が「実存的抑止力」と呼ぶことになる核兵器が備えた副次的な能力も認識しており、これを「侵略に対する強力な阻止者」と表現した。

つまり彼は、後に「第二撃能力」と呼ばれる能力を確保することの重要性を理解していたのである。彼によれば、敵に対する破壊的な報復能力が確実であれば、原爆は安定化へと機能するはずであった。なぜなら、その代償に対する勝利の見込みが殆ど存在しないからである。

ブロディが核時代の抑止の概念を最初に唱えた事実は既述したが、周知のようにその後の約四〇年間にわたって、核兵器が抑止以外に有用な機能を備えているかについては戦略思想家の最も重要な議論の対立点となった。例えば、ある思想家は、原爆はただ単に大規模な兵器に過ぎず、それゆえ、伝統的なやり方で評価されるべきであり、さらには、敵の攻撃能力を殲滅するためには戦争の初期段階で使用すべきと主張した。

こうした見解を抱く思想家は、「戦争遂行学派(ウォー・ファイティング)」と呼ばれたが、この学派は、冷戦期を通じてブロディに代表される「抑止学派」と鋭く対立した。

ブロディは『絶対兵器』でまた、「戦争は考えられないが不可能ではない。それゆえ、我々は戦争について考えなければならない」と論じたが、これは後年、ハーマン・カーン（アメリカの未来学者）がその著『考えられないことを考える』で展開した議論の基礎となるものであった。

「エスカレーション」

さらに当初からブロディが指摘していたように、結局のところ、冷戦期を通じて核の「エスカレーション」をめぐる問題については二つの選択肢しか残されていなかった。

第一は、エスカレーションのあらゆる次元あるいは段階で優位を維持し、より高く危険な段階へと向かう責任を敵に負わせることによって戦争を自らの優位に導こうとするものであり、後にこの方策はカーンによって唱えられた。

第二は、エスカレーションの過程に必然的に伴う不確実性を利用し、敵に事態が収拾不可能となり得ると警告することで抑止を成立させようとするものであり、これは後年、シェリングが唱えた概念である。シェリングはこれを「ある程度までを偶然に任せる威嚇」と呼んだ。

それ以外にも『絶対兵器』には、その後の核戦略をめぐる議論の基本的要素がほぼ全て示されているが、例えばそれは、①抑止の優位性、②奇襲攻撃の危険性、③戦略的優位の有用性の低下、④攻撃の優位性、⑤戦略的防御の限定的な見通し、⑥核兵器拡散の可能性、⑦実存的抑止力の登場、⑧核時代における勝利の概念の無意味さ、⑨報復能力を確保することの重要性、⑩戦争の様相の変化とその有用性の低下、などである。

このようにブロディは、核戦略をめぐる後年の議論の議題（アジェンダ）を既に『絶対兵器』で設定していたのである。

三　ミサイル時代の到来

ランド研究所

話題をブロディの人生に戻そう。

その後彼は、しばらくの間エール大学で教鞭を執った後、一九五一～六六年の間、ランド研究所で勤務した。周知のように、一九五〇年代及び六〇年代を通じてランド研究所は、アメリカの核戦略の形成に多大な影響力を及ぼしたが、この研究所に在籍中の一九五九年、ブロディは『ミサイル時代の戦略（*Strategy in the Missile Age*）』を刊行した。

彼は冷戦という国際環境の下、核兵器という大きな逆説（パラドクス）に直面、これを「合理化」する以外に方策はないと、どうにかして核兵器の政治的な役割を定めようと試みた。

だがブロディは、合理性に期待する一方で、それを絶対的な前提として受け入れることはなかった。彼は戦争の抑止や戦争での抑制を唱える反面、これが容易に達成できると楽観してはいなかった。

ミサイル時代の国家政策

ブロディの中期の著作『ミサイル時代の戦略』は一九六〇年代以降のミサイルを基盤とするアメリカの核戦略の先駆けと位置付けられる。

同書の基本的な論点は、仮にソ連との戦争が回避できないとしても、それを意識的に管理及び統制する必要があるというものであった。

彼にとって、核時代に戦争の勝利を徹底的に追求することは「自殺的なまでに馬鹿げたこと」であり、勝利は従来の意味を失っている。それゆえ、彼は通常兵器による限定（制限）戦争の必要性を主張した。

さらにブロディは、限定戦争の核心が「意識的な抑制」であると指摘する。彼によれば、「限定的な目的を設定することなく限定戦争を戦うことは不可能である。そして、これが現実に意味するところは、妥協を基礎とした交渉による和平以外に考えられない」。こうした認識の下この時期のブロディは、ある状況下で戦術核兵器を管理された形で運用することは最悪の事態の中で最も害の小さい行動かもしれないと、一度は核兵器の使用も検討したものの、その後は核兵器を用いること自体に否定的な姿勢を貫いた。

「第二撃能力」

核兵器に対するブロディの基本的な考えは、『ミサイル時代の戦略』に色濃く反映されている。

同書は抑止の枠組みを概観したものであり、先制的な核攻撃は限定戦争から全面戦争あるいは総力戦へとエスカレート（段階的に拡大）するとして、「第二撃能力」こそがアメリカとソ連の双方にとってより安定をもたらすと唱えた。また、この「第二撃能力」が目標（ターゲット）とするのは人々が暮らす都市（カウンターヴァリュー）ではなく、軍事施設（カウンターフォース）であるとした。

ブロディはアメリカの「第一撃能力」の運用――すなわち核の先制使用――を否定した結果、民間防衛の重要性を強く唱え始めた。併せて、「第二撃能力」を確実に防護するため、地上配備核戦力の強靭化も唱えた。もとより、ブロディにとって抑止は決して完璧な方策ではなかったが、「恐怖の安定的な均衡」が核兵器の使用を抑制すると期待した。

同時に、この時期からブロディは「戦略の終焉」について苦悩する。核の時代において「戦略」と「全面戦争」は、全く相容れない概念になったと考えたからである。

こうしたブロディの苦悩を受けてイギリスの国際政治学者ローレンス・フリードマンは、『ミサイル時代の戦略』を「暗澹たる」著作と評した。なぜなら同書は、仮に最悪の事態が現実のものとなればソ連との戦争を回避できないばかりか、凄まじい規模の破壊から逃れることも不可能と警告していたからである。

「冷戦の戦士」への違和感

アメリカとソ連の冷戦という国際環境の下でもブロディは、ソ連の拡張主義をいたずらに誇張し、共産主義イデオロギーの危険性を過大に評価することによって文字通り生計を立てていた「冷戦の戦士」とは一線を画した。

もちろん彼は、多くの平和主義者とも違い、戦争そのものに反対することはなかった。彼の戦略思想の根幹には、戦争の有用性、そして政治と戦争の関係性をめぐる自らの確信が存在していた。

確認するが、『ミサイル時代の戦略』でブロディは予防あるいは先制核攻撃は限定戦争から全面戦争へのエスカレーションをもたらすため、「第二撃能力」を通じた抑止戦略を用いる方が、アメリカにとってもソ連にとってもより安定へと機能すると論じた。当然ながら、同書で彼は「第二撃能力」の強化を唱えたが、「第二撃能力」は都市ではなく軍事施設を目標（ターゲット）にすべきとし、これによってソ連にエスカレーションを抑制する機会を与え、その結果としてアメリカは戦争に「勝利」すると期待した。

ターゲティング――目標の選定

『ミサイル時代の戦略』及びそれ以前の多くの論考でブロディは、敵に対する攻撃が真の意味で戦略的になるためには、賢明な目標（ターゲット）の選定が鍵となると主張する。核の時代においてこれは、「サンプル攻撃」の必要性を示唆するものであり、都市をいわば人質とするものであった。だが実際に都市が破壊されるとすれば、それは威嚇が機能しなかった結果、すなわち失敗に過ぎない。こうした観点からブロディは、アメリカ戦略航空軍団（SAC）の基本方針に異議を唱えた。

事実、ブロディは既に一九五四年には次のように述べていた。「もし我々が、いずれもが敵の効果的な報復遂行能力を破壊できる奇襲攻撃能力（攻撃が「成功」したと言い得るほぼ最低限の定義で）を備えた世界に住んでいるのであれば、自国の戦略空軍を直ちに行使することは意味があるのであろう。こうした状況下では、他の圧力や戦略の効果を試すまで戦略空軍の極めて大きな打撃力の行使を控えることは困難であろう。これはアメリカの拳銃の達人が、西部フロンティアのやり方で決闘するのと似た状況である。拳銃を抜き、狙いを定めるのが早い側が明確な勝利を得ることができるし、敵は死ぬ。しかし、仮にいずれの側も敵の報復能力を奪うことが期待できない状況下であれば、前述の状況では自殺的であった抑制が慎重さに変わる。逆に直ちに攻撃しようとすることが自殺的なものとなる」。

ブロディは、差別（選択）的な攻撃を行うことで自ら優位を確保すべきと考える一方、仮にソ連の都市を人質とすることに成功すれば、同国の指導者は戦いを停止すると期待した。なぜなら、事態が手に負えなくなるほど破滅的になることをソ連指導者は恐れるであろうからである。

しかし、仮にアメリカ戦略航空軍団がその方針に従いソ連の都市を破壊することを許されれば、同国の抑制を促す動機がなくなる。ブロディがその最初の提唱者でないにせよ、彼は、敵の都市への攻撃を回避することで核戦争での戦争の限定化を唱えた戦略思想家であった。

大量報復戦略への疑問

ブロディはまた、当初から「大量報復」という概念に対しても懐疑的であった。なぜなら、仮に大量報復戦略が、局地戦争からアメリカとソ連の双方の本土に対する全面戦争への拡大の威嚇を意味するのであれば、アメリカの脆弱性が大きくなりつつあった当時の国際環境を考える時、あらゆる信憑性の喪失に繋がるからである。その結果としてブロディは、限定戦争の可能性に賭ける方策を選んだのである。彼はロバート・オスグッドと共に

「制限（限定）戦争の主唱者」の立場を決して崩さなかった。

四　クラウゼヴィッツの「再発見」

「クラウゼヴィッツ・ルネサンス」

ブロディは一九六六〜七八年の間、カリフォルニア大学ロサンゼルス校（UCLA）で教鞭を執っていたが、一九七三年に最後の著作『戦争と政治（*War and Politics*）』を刊行した後、一九七八年に死去した。

また彼は、ハワードやピーター・パレット（アメリカの歴史家）と共に、プロイセン（ドイツ）の戦略思想家カール・フォン・クラウゼヴィッツ（本書第一章を参照）の戦争観をとりわけ英語圏で定着させた事実で知られる。一九七六年に刊行された『戦争論』の英訳版にブロディは二本の論考を寄稿したが、今日でもこれらは『戦争論』を正しく理解するための導入文献として高く評価されている。

ヴェトナム戦争の負の遺産

ブロディがクラウゼヴィッツの戦争観に通底する「戦争は他の手段を用いて継続される政治的交渉に他ならない」という認識に基づき、「何のために戦争をするのか」という根源的な問題を考察したのが『戦争と政治』である。

周知の通り、ブロディが政治と戦争の関係性を改めて考える契機となったのはヴェトナム戦争であった。つまり、彼が自らの晩年の著作の題材として戦争と政治の関係性を選び、それを一九七三年という時期に刊行したのは、ヴェトナム戦争でのアメリカの苦い経験とそれに伴う同国の苦悩という背景が存在したのである。

もちろん、同書には第二次世界大戦や朝鮮戦争なども事例として取り上げられているが、疑いなくブロディの主たる関心は、アメリカがなぜヴェトナム戦争に関与し、なぜそれに失敗したかであった。

彼はヴェトナムが共産主義勢力の手に落ちれば周辺諸国も共産化するとの「ドミノ理論」に代表される、実際には殆ど根拠のない「恐怖」（トゥキュディデス）の結果としてアメリカが同国になし崩し的に介入した事実に対し批判的であった。

同時にブロディは、ヴェトナム戦争でのアメリカの失敗は、同国が達成可能な政治目的を設定することも、それに見合った手段を用いることもできなかった事実に起因すると主張した。つまり彼は、アメリカがクラウゼヴィッツの戦争観を正しく理解できなかったがゆえに最終的に敗北したと考え、自らが率先してクラウゼヴィッツの『戦争論』へと回帰したのである。

クラウゼヴィッツからブロディへ

実は『戦争と政治』は、今日の高い評価とは対照的に多くの問題を抱えた著作である。例えば同書は、論点が丁寧に整理されておらず、一部には議論の整合性が全く取れていない個所がある。加えて、同書の幾つかの章は、他の章と比べ冗長で、さらなる校正作業が必要と思われる個所も多々見受けられる。

それにもかかわらず、『戦争と政治』は今日に至るまでその有用性を示し続けている。同書でのブロディの主たる論点は、軍事力の行使あるいは軍事力による威嚇を政治の一つの術(アート)として捉えるべきというものである。また、彼にとって政治とは国内政治を含む概念であったが、当時、彼以外のほぼ全ての戦略思想家はこの単純な事実すら見落としていた。多くの歴史家が指摘するように、ブロディは政治と戦争の関係性をめぐってその生涯を通じてクラウゼヴィッツとの対話を続けており、その集大成が『戦争と政治』として結実した。

もとより、この著作にはブロディが生きた時代固有の思想や経験も示されているが、内容はその根幹においてクラウゼヴィッツの『戦争論』と同じであると言って過言でない。
実際、ブロディはクラウゼヴィッツの有名な警句である「戦争がそれ自身の『言語（文法）』（戦闘手段あるいはやり方：引用者註）を有することは言うまでもない。しかし戦争はそれ自身の『論理』（目的：引用者註）を持つものではない」の引用から自らの論述を始めている。彼によれば、これこそ「あらゆる戦略における唯一かつ最も重要な考え方」である。

ブロディはまた、第一次世界大戦時のフランス軍人フェルディナン・フォッシュ（本書第三章を参照）が発したとされる有名な問い「結局のところ何が問題なのか（De quoi s'agit-il?）」を援用しながら、戦略とは何かについて『戦争と政治』の第一部の殆どを充てている。その中で彼は、軍人、とりわけ同時代のアメリカ軍人が戦争の勝利そのものに過度にこだわる事実に不信感を露わにした。

また同書でブロディは、やはりクラウゼヴィッツの戦争観の根幹を構成する「摩擦」の概念や戦争の心理的側面の重要性に繰り返し言及する。加えて、クラウゼヴィッツと同様、原理や原則の存在に懐疑的な彼は、いわゆる「冷戦ドグマ」（その一例が前述のドミノ理論）には否定的であった。

「ミリタリー・マインド」の克服

『戦争と政治』ではまた、「軍人的な思考方法」――「ミリタリー・マインド」――に対し痛烈な批判が展開された。

アメリカ軍人は戦争のより深遠な問題について殆ど理解しておらず、軍人としての訓練はより高次の戦略的思考とは殆ど無関係のものであり、軍人にもう少し想像力と客観性が備わっていればアメリカはもう少し軍人を信用できるのに、との論述である。

彼によれば、アメリカ軍人の根底を流れるものは理性ではなく感情であり、仮に軍事エスタブリッシュメントの議論が妥当と証明された事例があるとしても、それは単なる偶然に過ぎないとさえ酷評した。

確かに、こうしたブロディの戦争観は、あらゆる意味においてクラウゼヴィッツ的である。だからこそ彼は、軍事全般に対する文民統制（シビリアン・コントロール）の必要性を強く論じたのであり、実際、同書の最後の個所で彼は、「文民による手綱（たづな）は決して緩めてはならない」と述べている。これは、エリオット・コーエンの言説と同じである。

五　戦略について

戦略の本質

『戦争と政治』の後段の第二部でブロディは、戦争に対する人々の認識の変化、戦争の原因、死活的国益とは何か、核兵器の役割など、戦争をめぐる広範な問題について論述しているが、ここで特筆すべきは、最終章「戦略思想家、立案者、決定者」で戦略の本質を論じている点である。

ブロディにとって戦略とは、具体的な方策に関する学問であり、目的を効率的に達成するための手引きである。つまり、戦略とは「実行可能な解決策の追求において真実を探求する分野」で、戦略理論とは「行動のための理論」である。だからこそ、彼にとって戦略は現実の世界に適用可能なものでなければ意味をなさないのである。

戦略の関連性

実は、これこそ戦略の関連性という表現が意味するところである。

かつてイギリスの国際政治学者コリン・グレイは、戦略家とは政策が掲げる目的のために軍事力を行使する（あるいはその威嚇を行う）実践的な専門家でなければならないと述べた。

ブロディも同様に『戦争と政治』で行動のための戦略理論の重要性を、そして、戦略とは実行可能な解決策の追求において真実を探求する分野であることを主張した。彼にとって戦略とは、現実の世界に適用可能なものでなければ無意味であり、ここに戦略の関連性、さらには実践性が明確に示されている。確かに、戦略とは生き残りをめぐる優れて実践的な思考であり、行動である。

実践の学問

既に『ミサイル時代の戦略』でブロディは、戦争を制御するための政治感覚の必要性と戦場という究極的な実践の場での試練に対処することの重要性を指摘していた。そこでは、彼にとってクラウゼヴィッツがいかに重要であるかが認められると共に、戦略研究とは優れて実践の学問であるとの彼の確信が明確にうかがわれる。同書でブロディは、晩年の『戦争と政治』で唱えた戦争の政治性、そして戦略の理論は行動のための理論であるとの持論を展開していた。

さらにブロディは、アメリカの戦略研究が文民と軍人の間を分断する「知的な無人地帯」となっている実状を憂慮した。彼によれば、ある政治的決断が血によって試練にさらされ、時には敗北という過酷な回答が示される科学（サイエンス）は、戦争という領域以外には考えられないにもかかわらず、この分野での文民と軍人の共同研究は一向に進展していない。

政治家と軍人の役割

では次に、そうした戦略の形成には一体誰が責任を負うべきなのであろうか。軍人であろうか。

ブロディによれば、軍人は戦争で政治目的を達成することではなく、勝利することを最高の目標としているため、戦略の形成には適さない。また、軍人は戦争が及ぼす政治的影響を考慮せず、組織利益に動かされる傾向が強いと共に、軍人が主張する「軍事的判断」は必ずしも信用できない、と指摘する。

かつてフランスの首相ジョルジュ・クレマンソーは第一次世界大戦の戦争指導をめぐって「戦争は将軍だけに任せておくにはあまりにも重大な企て（ビジネス）である」と述べたが、ブロディはそれを「戦争は軍人だけで適切に対処するにはあまりにも重大かつ複雑である」と言い換え、戦争指導における文民の役割の重要性を強調した。

彼のこうした思索が示すのは、戦争は政治的行為であるとするクラウゼヴィッツの戦争観である。そしてこの戦争観に従えば、文民政治指導者が軍事全般を統制すべきという文民統制（シビリアン・コントロール）が必須となる。さらに、その政治指導者を補佐するのがブロディに代表される文民戦略思想家の役割であるとされた。

おわりに——核時代の「アメリカのクラウゼヴィッツ」

ブロディという戦略思想家の重要性は、国家政策及び戦略形成に対する直接的な影響力ではない。前述したように、彼は一九六〇年代、アメリカそしてランド研究所の多くの思想家が政権に参画したのとは対照的に、いわば「部外者（アウトサイダー）」の位置に留まった。だがその一方で、アメリカの国家政策の形成に対する彼の全般的かつ間接的な影響は大きかった。ブロディはその生涯を通じて国家政策、とりわけ核抑止戦略をめぐる逆説（パラドクス）と苦闘した。すなわち、全ての統制を失う可能性を通して、同時に、可能な限り統制を維持しながら、いかにして抑止のための戦略を構築するかという逆説（パラドクス）である。

こうした過程でブロディは、核戦争における差別的な目標（ターゲット）選定を通じた戦争の限定及び抑制を主張した。彼によれば、限定戦争は全面戦争と比較し受け入れ可能な選択肢であり、だからこそ、彼は大量報復戦略には当初から批判的であった。

政策志向型の研究者を目指したブロディは、常に自らがアメリカの国家政策形成の「部内者（インサイダー）」——当事者——たることを求めたが、残念ながら彼の生涯の大半は「部外者（アウトサイダー）」

の位置に留まった。その意味では彼を国家政策の「創始者（メーカー）」と位置付けることは間違いであろう。だが彼は、当事者として現実のアメリカの国家政策――核戦略――の立案に携わることがなかった一方で、国家政策をめぐる議論の議題（アジェンダ）を提供し続けたのであり、同時代の戦略思想家に常に刺激を与えたという点だけでも、ブロディの存在感は特筆に値する。

言うまでもなく、ブロディは自らの時代の「申し子」に留まらない。その理由の一端は、彼がその生涯を通じて戦略思想の根幹にあるものについて思索を重ねたからであり、彼が到達したところはクラウゼヴィッツの『戦争論』であった。

彼は、クラウゼヴィッツの戦争観を一九四五年以降の核の時代に適用し、また、クラウゼヴィッツを手掛りとして政治と戦争、そして戦略と戦争のしばしば逆説（パラドクス）に満ちた関係性を理解しようと努めた。

かつてブロディは、クラウゼヴィッツを「最高の戦略家のみならず、唯一の戦略家」と評したが、今日では、ブロディ自身が二〇世紀の「アメリカのクラウゼヴィッツ」として、さらには、時代や地域を超越する普遍性を備えた戦略思想家として高く評価されている。

戦略とは、「生き様」あるいはアイデンティティをめぐる問題であると言われる。そうしてみると、同時代の流行に振り回されることなく本質を追究し続けたブロディの「生き様」を学ぶことこそ、戦争や戦略について理解するための第一歩なのであろう。

本章の参考文献

バーナード・ブロディ、桃井真訳「抑止の解剖」高坂正尭、桃井真編著『多極化時代の戦略・上——核理論の史的展開』日本国際問題研究所、一九七三年

ローレンス・フリードマン「核戦略の最初の二世代」ピーター・パレット編、防衛大学校「戦争・戦略の変遷」研究会訳『現代戦略思想の系譜——マキャヴェリから核時代まで』ダイヤモンド社、一九八九年

ジョン・ベイリス、ジェームズ・ウィルツ、コリン・グレイ編著、石津朋之監訳『戦略論——現代世界の軍事と戦争』勁草書房、二〇一二年

Bernard Brodie, *The Absolute Weapon: Atomic Power and World Order* (New York: Harcourt Brace, 1946)

Bernard Brodie "The Heritage of Douhet," in Bernard Brodie, *Strategy in the Missile Age* (Princeton, NJ: Princeton University Press, 1959)

Bernard Brodie, *War and Politics* (New York, Macmillan, 1973)

Bernard Brodie, "The Continuing Relevance of *On War*," "A Guide to the Reading of *On War*," in Carl von Clausewitz, *On War*, edited and translated by Michael Howard and Peter Paret (Princeton, NJ: Princeton University Press, 1976)

John Baylis, John Garnett, eds., *Makers of Nuclear Strategy* (London: Pinter Publishers, 1991)

Fred Kaplan, *The Wizards of Armageddon* (Stanford, CA: Stanford University Press, 1991)

Antulio J. Echevarria II, *War's Logic: Strategic Thought and the American Way of War* (Cambridge:

Cambridge University Press, 2021)

Thomas Schelling, "Bernard Brodie (1910–1978)," *International Security*, 3 (3), 1978

第一〇章　トマス・エドワード・ロレンス——「アラビアのロレンス」

はじめに

一七八九年のフランス革命及び革命戦争を経た後、ナポレオン戦争時にイベリア半島でスペインの一般の人々を中心とした大規模な反乱が起こった事実から、カール・フォン・クラウゼヴィッツが『戦争論』で、こうした正規軍と非正規軍の戦いを「人民の戦争」と呼んだ事実はよく知られている。

しかし、こうした一般の人々――スペインでのゲリラやロシアでのパルチザンなど――の戦い方を理論的に考察した著作は、比較的最近になるまで殆ど存在しなかった。おそらく、「アラビアのロレンス」として知られるイギリス軍人トマス・エドワード・ロレンス(一八八八〜一九三五年)が、第一次世界大戦中にアラブ独立のためにオスマン帝国(トルコ)軍に対してゲリラ戦争を実施した経験をまとめた『知恵の七柱』が、こうした戦い方の理論を説いた先駆的な著作であろう。

ロレンスはその著『知恵の七柱』で、現地の人々の支援を受けながら補給の根拠地となる場所を確保し、敵が攻撃したら退き、敵が疲れて駐留している時は奇襲を仕掛ける「ヒット・エンド・ラン」と呼ばれる柔軟かつ弾力的な戦い方を具体的に説明しているからである。

トマス・エドワード・ロレンス（1888〜1935）。イギリスの軍人、考古学者。オスマン帝国に対するアラブ人の反乱を支援。映画『アラビアのロレンス』の主人公のモデルとなった。

一　「アラビアのロレンス」とゲリラ戦争

ロレンスとその時代

「アラビアのロレンス」は、オックスフォード大学で考古学を学んだ後、大英博物館の中東遺跡発掘調査に参加したが、第一次世界大戦が勃発するとイギリス陸軍情報将校として、ドイツの同盟国であるオスマン帝国（以下では、当時の一般的な呼称「トルコ」を用いる）の後方地域を攪乱する目的で、トルコの支配下であったアラブ民族の反乱――ゲリラ戦争――を指導し、その独立運動に献身した人物である。

バジル・ヘンリー・リデルハート（本

書第八章を参照）は、「この問題（戦争の本質：引用者註）をさらに広範かつ深遠に取り扱った著作が、クラウゼヴィッツより一世紀後に登場したが、それが、T・E・ロレンスの『知恵の七柱』である。同書は、ゲリラ戦理論に関する名著であるが、ゲリラ戦争の攻勢上の価値に焦点を当てたものである」、とロレンスの著作を高く評価した。

実は、イスラエルの歴史家アザー・ガットはリデルハートの戦略思想の源泉を、J・F・C・フラー（イギリスの戦略思想家）、ジュリアン・コルベット（イギリスの海軍戦略思想家）、ジャン・コラン（フランスの軍人）やフェルディナン・フォッシュ（本書第三章を参照）に代表されるフランスの「新ナポレオン学派」に加え、「アラビアのロレンス」を挙げているほどである。

第一次世界大戦におけるロレンスの活動については、当時、イギリス国民の士気を高めるため英雄（ヒーロー）を求めていた同国政府の思惑のため、そして、その後のロレンスに対するリデルハートの過度な思い入れもあって、過大に評価されているのが実状であろう。

周知のように、ロレンスを主人公とする映画「アラビアのロレンス」（一九六二年）は今日に至るまで戦争映画の傑作の一つとして高く評価されており、また、ロレンスの著書『知恵の七柱』やその要約版『砂漠の反乱』は邦訳され、その他にも彼の評伝が日本語で多数出版されている。

『砂漠の反乱』

ロレンスはその著『砂漠の反乱』で、「アラブ人たちがなぜフェイサル（反乱の中心的人物フセインの王子：引用者註）と共に戦いを続けているかと考えてみれば、彼らの目的はただ一つ、アラビア語を話す人間の住む土地からトルコ人を立ち去らせることにあるのだ。平和な自由を求める理想が彼らをして銃を取らせているのだ。トルコ軍が穏やかにアラビアから立ち去れば、戦いは終わり、血を見る必要もない。立ち去らなければさらに説得を試み、それが無駄なら戦わねばならぬ。その時において初めて、血を見ることになるのだが、人命の損失は最小限に留めねばならぬ。なぜなら、アラブ人は自由を得るために戦うのであり、死んでしまったのではせっかく得た自由を享受することができないからだ」と、その目的を明確に記している。

またゲリラ戦争での戦略としてロレンスは、例えば「メディナを陥れてはならぬ。あそこをあのままにおいても、トルコ軍は我々に対しては無害である」と、さらには「我々の理想は、トルコの鉄道に、最大限の損失と不安を与えながら、しかもかろうじて使えるようにしておいてやること、本当にかろうじてという程度にである」と述べているが、こうした論述から、なぜ「間接アプローチ戦略」を唱えたリデルハートが「ロレンス流の戦争方法」に共感を抱いたか理解できよう。

アラブの反乱（1916年6月〜1918年10月）。イギリスはアラブ人を蜂起させてトルコの南部を揺るがそうという戦略を用いた。その中心にいたのがロレンスであった。

中近東地域でのロレンスの活動であるが、そもそも「アラブの反乱」の目的は、当時のトルコ内のアラビア語圏と呼ばれる地域からトルコ人を追い出すことであり、彼らの殺害そのものは全く無意味なことであった。ロレンスにとっては、犠牲は小さければ小さいほど都合が良いのである。そして、こうしたゲリラ戦争では、「重心」を作らないことが重要となってくる。

また、ロレンスが的確に表現したように、砂漠におけるゲリラ戦争はあたかも海上での戦いに類似し、そこでは兵力の温存や損害の極小化が重要とされ、「ヒット・エンド・ラン」といった戦い方が有用であった。

「ヒット・エンド・ラン」

正規の軍事教育を受けておらず、逆に独

学で多くの戦争史及び戦略思想を研究したという点で、ロレンスとリデルハートには共通点が存在し、それがこの両者を互いに惹き付けた原因であろう。また、おそらく「異端」あるいは「部外者（アウトサイダー）」に対する共感が互いに存在したのであろう。しかし、ロレンスが「アラブの反乱」によって第一次世界大戦のイギリスの戦争努力にいかに貢献したにせよ、やはりこの地域の戦いは大戦全体においては「余興（サイドショー）」に過ぎなかった。

加えて、たとえそれがヨーロッパ西部戦線の膠着状態と比べいかに魅力的に思えたにせよ、ロレンスが中近東の砂漠地域で用いた戦い方が、そのままヨーロッパ大陸の西部戦線で用いることが可能かについては、全く別の次元に属する問題である。そして、この答えはおそらく否であろう。

「生きた伝説」

何れにせよ、「アラビアのロレンス」は多くのイギリス国民にとっていわば「生きた伝説」であり、第一次世界大戦後、イギリス国内で唯一の英雄（ヒーロー）であった。

確認するが、ヨーロッパ大陸から遠く離れた中近東の砂漠地帯では、同大陸とは全く異なった種類の戦いが展開された。この戦いこそ、「アラビアのロレンス」を指導者とする「アラブの反乱」であり、「間接アプローチ戦略」の理想型としてリデルハートが高く評価した戦い方であった。

ロレンスの戦略思想の「七つの柱」とは、①反乱者（インサージェント）の立場（通常の軍隊ではなく、襲撃者（レイダー）の立場）で考える必要性、②速度、衝撃、（兵站及び意志の）持久力の必要性、③持続性、監視、目標をめぐって動じない視座の必要性、④明確な形式（パターン）及び組織的構造を決して示してはならない、⑤接種（思想の注入）戦略——地元の人々に「予防接種（vaccinate）」するため兵力を小規模な単位（ユニット）に組織せよ、⑥どうにかして襲撃者を地元の人々と分離せよ、⑦一ドルは一〇発の弾丸に値する可能性を肝に銘じよ、である。

正統な「戦い方」への代替案

リデルハートによれば、この地域の特殊な条件を前提として導き出された戦い方は、正統な軍事戦略への代替案を提供し得るものであった。例えば通常、正規軍であれば敵軍との接触の維持に努めるであろうが、ロレンスが指導するアラブ軍はこれを回避した。また、正規軍であれば敵兵力の撃滅を求めるであろうが、これとは反対にアラブ軍は物資の破壊に努め、しかも、それを敵兵力の不在地域で行ったのである（リデルハート著『戦略論』）。

だがリデルハートによれば、ロレンスの戦略にはそれ以上の重要な意味が含まれていた。すなわち、敵の補給を遮断して敵部隊を駆逐するのではなく、敵の手の届く範囲に多少の補給物資を残して敵部隊をそのままの場所に留めたのである。こうすることによって、敵の部隊がその場所に留まる期間が長ければ長いほど、敵は弱体化し、その士気は低下するのである。

また、第二次世界大戦では総じてウィンストン・チャーチル首相の戦争指導に批判的であったリデルハートであるが、ドイツ占領下のフランスの抵抗運動（レジスタンス）に対する支援活動に限れば、次のように彼を高く評価している。「同時に、チャーチルはロレンスと親交があり、彼の崇拝者であった。今やチャーチルは、ロレンスがアラブの比較的限定された地域で実施したのと同じことを、ヨーロッパで大規模に遂行する機会を見付けたのである」（リデルハート著『戦略論』）。「ヨーロッパを炎の海に」とは、チャーチルの有名な言葉である。

思えば、チャーチルは過激なまでの海軍改革論者であり、戦車の考案者の一人であり、空軍力の支持者であり、そして、何よりも「アラビアのロレンス」の熱烈な信奉者であった。

二　ゲリラ戦争の実践

ゲリラ戦争の要諦

「アラブの反乱」でのロレンスの活動を踏まえてリデルハートは、ゲリラ戦争の要諦について以下のような興味深い分析、さらに一般化を行っている。

ゲリラ活動が成功するための主要な条件は、ゲリラが敵の配置や運動に関して信頼できる情報を入手すると共に、優れた土地勘をもって戦う一方、敵側を無知の状態にしておくことである。ゲリラ活動は、味方の安全と敵に対する奇襲を考えて、主として夜間に実施されるものなので、心理的光明といった要素が改めて重要となる。必要な細部資料と迅速な情報をどの程度入手できるかは、ゲリラに対する地域住民の支援の有無によって左右されるのである。

ゲリラ戦争は少数の要員によって遂行されるが、多数の人々の支援に依存している。ゲリラ戦争は、それ自体が最も独立的な行動方式であるが、同時に、住民の同情によって集団的に支援された場合にのみ効果的に戦え、かつ、その目的を達成することができきる。まさにこの理由により、仮にゲリラ戦争が民族独立のための抵抗や要求の訴え、さらには、社会及び経済的に不満を抱く地域住民の訴えと結合すれば、それは、広い意味での革命的存在となり、その結果、ゲリラ戦争は最も効果を発揮できるのである。

つまり、「ロレンス流の戦争方法」とはメディナに展開するトルコ軍の撤退を望まず、鉄道網に対する攻撃は意図的に回避し、長期間に及ぶゲリラ戦争でトルコ側の心理に働き掛けて、同軍を消耗させることであった。その結果、ロレンスによる鉄道破壊は、線路の寸断や電話線の切断など、トルコ軍が修理可能な程度に意図的に留めた。その後、メディナを攻撃するのではなく、紅海に位置する港湾都市アカバの攻撃を追求した。

第二次世界大戦後のいわゆる冷戦期に注目されたゲリラ戦争の思想であるが、実は既に第一次世界大戦の中近東地域でこうした戦い方が大規模に展開されていたのである。

新たなゲリラ戦争の時代への予感

リデルハートの大きな功績の一つは、第二次世界大戦後、核兵器を用いたアメリカとソ連の冷戦構造の下で、誰よりも早く「非通常戦争」、そしてゲリラ戦争の可能性に気付いた事実である。これは、彼が「アラビアのロレンス」と親交が深かったことと関係しているが、ロレンスの経験を踏まえてリデルハートは、『戦略論』で核時代のゲリラ戦争について次のように概念化している。

戦争とは組織化された行為であり、混乱状態の中で継続することは不可能である。しかしながら、核抑止力は巧妙なタイプの侵略に対して抑止力として機能し得ないし、それゆえ、抑止力を発揮できない。核抑止力がこのような目的に対して不適切であるため、巧妙なタイプの侵略の生起を刺激し、助長する傾向にある。筆者の金言（古代ローマの「平和を欲すれば戦争に備えよ」のリデルハートによる修正「平和を欲すれば戦争を理解せよ」：引用者註）に必要な敷衍を加えると、「平和を欲すれば戦争を理解せよ。とりわけゲリラ方式と内部攪乱方式（インサージェンシー）の戦争を理解せよ」となろう。

「ロレンス流の戦争方法」の発展

第二次世界大戦以降のゲリラ戦争についてリデルハートは同じく『戦略論』に記している。

しかしながら、第二次世界大戦においては、ゲリラ戦争は殆どこの大戦の普遍的特質と言えるほど、広範囲にわたって見られたのである。

ゲリラ戦争と内部攪乱戦争の発展は、核兵器の威力の増大、とりわけ一九五四年の水素爆弾の登場、及びそれと同時に行なわれたアメリカ政府によるあらゆる種類の侵略に対する抑止力としての『大量報復』政策及び戦略の採用決議によって、益々激化していった。

ゲリラ戦争を抑止するために核兵器使用の脅威を示唆することは、あたかも蚊の大群を金槌で追い払おうとする話のように非合理的である。そのような政策が無意味であることは明らかであり、その当然の結果が、対抗手段として核兵器を使用できない侵蝕による侵略様式の生起を刺激、助長することであった。

「蚊の大群」と「金槌」

「蚊の大群を金槌で追い払う」とはいかにもリデルハートらしい言説であるが、彼のこうした論述から理解できることは、彼が巨大な破壊力を備えた核兵器の登場から生み出された逆説（パラドクス）、すなわち「非通常（対称）戦争」の可能性を早くから認識し得ていた事実である。

少し長くなるが、ゲリラ戦争に関する『戦略論』からの引用を続けよう。

我々が今日、頭脳を明快にして考えなければならない最も緊急かつ根本的な問題は、いわゆる『ニュールック』軍事政策及び戦略の問題である。この死活的重要な問題は、水素爆弾の登場と強く結び付いている。（中略）水爆の登場によって全面戦争が生起する確率を低下させたのと同程度に、水爆は、広範囲にわたる局地的侵略という制限戦争の可能性を増大したのである。敵は、各種様式の技術の選択に訴えることができ、それによって目的を達成することができるが、味方にとっては、対抗手段としての水爆及び原爆の使用を躊躇させることになる。

ゲリラ戦争は、常にダイナミックでなければならないと共に、機勢（モメンタム）を維持しなければならない。静的な休止期間が生じれば、敵に地域の掌握を許し、敵の部隊に休息を与えることになると共に、味方のゲリラ部隊に参加及び支援する地域住民の衝動を削ぐ傾向にあるため、ゲリラ戦争で静的な休止期間を設けることは、正規戦争と比較して失敗する要因となるのである。ゲリラ戦争では静的防御の果たす役割はなく、また、伏兵（待ち伏せ：引用者註）に代表される一時的な方策を除いては、固定防御もゲリラ戦争では効果がない。

ゲリラ行動においては、被害をこうむる恐れがある場合には、戦略的に戦闘を回避し、戦術的にいかなる交戦も回避するといった、通常の戦争方法とは全く逆転したやり方となる。と言うのは、ゲリラ戦争では伏撃の場合と極めて異なり、ゲリラ行動の指導者と兵員の中で最も優秀な者が、部隊の全兵力と比較して不均衡なほど死傷し、その結果、部隊の活動全体が停滞し、戦闘精神の炎が消滅してしまう危険性があるからである。包括的な表現を用いれば、『ヒット・エンド・ラン』と言えよう。すなわち、小規模な打撃と脅威を数多く加えることとは、少数の大打撃を加えるよりも戦局の行方に及ぼす効果は大きい。同時に、それは敵により多くの混乱、妨害、及び士気喪失を累積的に課すと共に、地域住民に対して広範囲にわたる印象を与えることになる。姿は見えないが、至るところに敵が存在するということが、成功の基本的秘訣なのである。さらには『ヒット・エンド・ラン』は、敵を味方の伏兵の方へ誘い込むという攻勢目的にとって最良の方策となることが多い。

ゲリラ戦争はまた、正規戦争の主要な原則の一つである『兵力集中』を逆転させる。これは敵と味方の双方に当てはまる。ゲリラ側にとっては、『分散』が生存と成功の不可欠な条件である。ゲリラ側は、決して敵に目標を提供してはならず、そのため、細かな粒子のように行動する。しかしながら、これらの粒子は敵の防御の手薄な目標を撃滅するため、一時的に水銀の塊のように行動することもある。ということは、ゲリラ部隊にとって『兵力集中』の原則は、『兵力の流動化』の原則に置き換えられなければならない。同様に、正規部隊にとってもそれが核兵器の攻撃下にさらされている時は、『兵力の流動化』の原則を適用しなければならない。また、『分散』の原則はゲリラの挑戦を受ける側においても必要である。と言うのは、蚊のように機敏で捕捉し難いゲリラ部隊に対しては、正規部隊の狭い集中は意味がないからである。ゲリラ行動を抑制する見込みのある方法は、主として可能な限り最大の地域に巧妙かつ緊密に編み上げた網を張ることである。この網が広ければ広いほど、対ゲリラ戦争の効果は高まるであろう。

以上のように、リデルハートは「ロレンス流の戦争方法」を参考にして、通常戦争（彼の言葉では正規戦争）での戦い方とゲリラ戦争を含めた非通常戦争（彼の言葉では非正規戦争）での戦い方の違いを鮮明に描き出している。

もちろん、「ロレンス流の戦争方法」やゲリラ戦争全般に対するリデルハートの議論には単純化や誇張も多く見受けられる。だが、ここでもやはり「水銀の塊」といった言説（レトリック）を多用しながら、彼が人々の注目を集め得たことは事実である。

過去二〇年間にこのタイプの戦争の数が増加したのは、第二次世界大戦の際、ドイツへの対抗手段としてチャーチル指導下のイギリスが、ドイツ占領下の諸国で住民の反乱を煽動、育成する戦争政策を用いたことと大いに関連している。この戦争政策は、その後、日本への対抗手段として極東地域まで拡大された。

この政策は極めて熱心に受け入れられ、疑問視されることなど殆どなかった。一旦、ドイツの迅速な征服がヨーロッパの大部分を覆い尽くすと、占領地域に対するヒトラーの支配力を弱体化させることが当然の方針であると考えられた。この種の方針こそ、チャーチルの思考と気質に訴えるものであった。チャーチルは、本能的な闘争心とヒトラー打倒への飽くなき情熱を備えていた。実際、チャーチルにとって事後の問題は重要ではなかった。

レジスタンスの有用性

右記はとりわけドイツ占領下のフランスでの抵抗運動――レジスタンス――を念頭に置いて書かれたものである。だが、ここで冷静に考えるべきは、はたしてフランスでのレジスタンスが、第二次世界大戦の戦局に決定的な影響を及ぼし得たかについてである。

残念ながら、フランスでのレジスタンスの精力的な活動にもかかわらず、これが大戦の帰趨（きすう）に大きく影響を及ぼしてはいない。

三　今日の時代状況とゲリラ戦争

核兵器の登場が意味するもの

本章でここまで見てきたようにリデルハートは、第二次世界大戦後、アメリカとソ連の間の冷戦という大きな対立の陰で、また、核兵器という「絶対兵器」（バーナード・ブロディ：本書第九章を参照）を逆手に取る形で、民族や国家の独立を旗印とする大きな流れがゲリラ戦争という戦い方を用いながら進展している事実を、早くから認識していた。
なお、次の「カモフラージュされた戦争」という言葉もリデルハートの造語であるが、彼が定義するところでは、これはゲリラ戦争を含めた浸透戦争、すなわち、大規模な軍事力行使を伴わない戦争全般を意味する。

過去においてゲリラ戦争は弱者の兵器であり、そのため、主として防勢的な意味を備えていた。しかしながら、核時代においては、核の手詰り状態を利用するに適した浸透方式としてさらなる発展を遂げるであろう。こうして、『冷たい戦争』という概念はもはや時代遅れとなり、『カモフラージュされた戦争』という概念に取って代られるに違いない。

しかしながら、この広義の結論はさらに広範かつ深遠な問題を提起している。そのため、ゲリラ戦争や内部攪乱戦争の対抗戦略を開発しようとする西側諸国の政治家及び戦略家は、『歴史の教訓』を学び、過去の失敗を再び繰り返さないことが必要となる。

戦争の「三位一体」

戦争を構成する要素として「政治」、「軍事」、「国民」という「三位一体」を挙げたのはカール・フォン・クラウゼヴィッツ（本書第一章を参照）であり、彼は国民の熱狂というものを半ば歓迎しつつも、半ば警戒した。

同様に、戦争と国民の関係性についてリデルハートは『戦略論』で次のような示唆に富む議論を展開している。「戦争という熱狂の下では、世論は最も極端な方法を要求し、その結果の是非を問うことはない」。この指摘は正鵠を射ており、だからこそ、例えば第二次世界大戦でドイツや日本に対する無条件降伏政策があれほどまで執拗に求められたのである。

興味深いことに、ゲリラ戦争の有用性を高く評価するリデルハートが、『戦略論』の最後になって少し冷静に次のような議論を展開している。

しかしながら、これらの後方地域での戦闘を分析してみると、後方地域での戦闘の効果は、敵正面で交戦し敵の予備兵力を吸収している強力な味方の正規軍が存在し、その作戦と後方地域での戦闘がどの程度まで結合しているかに依ることが明らかになった。敵の主たる注意を引く強力な攻撃が実施されるか、あるいは、そのような切迫した脅威が存在する場合に、また、後方地域での戦闘が時を同じくして実施されない限り、その効果は、敵を苛立たせる程度に留まるのが常であった。

ここでリデルハートが述べていることは、図らずも彼が主唱した「間接アプローチ戦略」の限界及び問題点の核心を示している。すなわち、間接的な戦略が成功するためには、常に誰かが、どこかで直接的に敵と対峙している必要があるという冷徹な事実である。

その他の場合でも後方地域での戦闘は、広範囲にわたる消極的抵抗ほどの効果を持ち得ず、効果に比べて遥かに大きな損害を現地住民にもたらしたのである。後方地域での戦闘は、敵に与えた損害を遥かに上回る敵の確固たる報復を挑発することになった。これらの戦闘は、敵の部隊に対して暴力行為に訴える機会を与えることになったが、この暴力行為は、非友好的な国家に進駐している敵部隊にとって、常に神経の鎮静剤としての役割を果たすものとなった。ゲリラ戦争がもたらした直接的な物理的損害、そして、挑発された敵の報復という間接的な損害は、自国民に多大な苦難を与え、その結果、解放後の復興にとって大きな障害となった。

ゲリラ戦争をめぐる問題

このリデルハートの論述は、ゲリラ戦争をめぐるさらなる根源的な問題、つまり、こうした戦い方にはその効果を上回るほどの敵の報復を招く可能性が高いという問題を見事に捉えている。

また、以下の『戦略論』の論述は、ゲリラ戦争が戦われている時はもとより、戦後に至るまでいかなる悪影響を及ぼし得るのかについて示している。すなわち、「敵の占領軍に対する闘争を通じて、若い世代は権威に対する否定と公衆道徳規範の無視を学んだのである。このことが、『法と秩序』の軽視へと繋がり、それは、侵略者の去った後も不可避的に継続した」。

これは、第二次世界大戦後のフランス社会を念頭に言及されたものであろうが、彼はさらにゲリラ戦争の問題点を、「非正規戦争においては、正規戦争よりも暴力の根源がさらに深い。正規戦争では、暴力は既存の権威への服従によって抑止されるのに対し、非正規戦争では、権威への挑戦と法規違反は称賛されるのである。非正規戦争の経験によって切り崩された基礎の上に、国家を再建し安定状態をもたらすことは極めて困難なことになった」と述べている。

四　「ロレンス流の戦争方法」の継承者たち

毛沢東の対日戦略

第二次世界大戦後、豊富な経験に裏打ちされた毛沢東のゲリラ戦理論は、アルジェリア

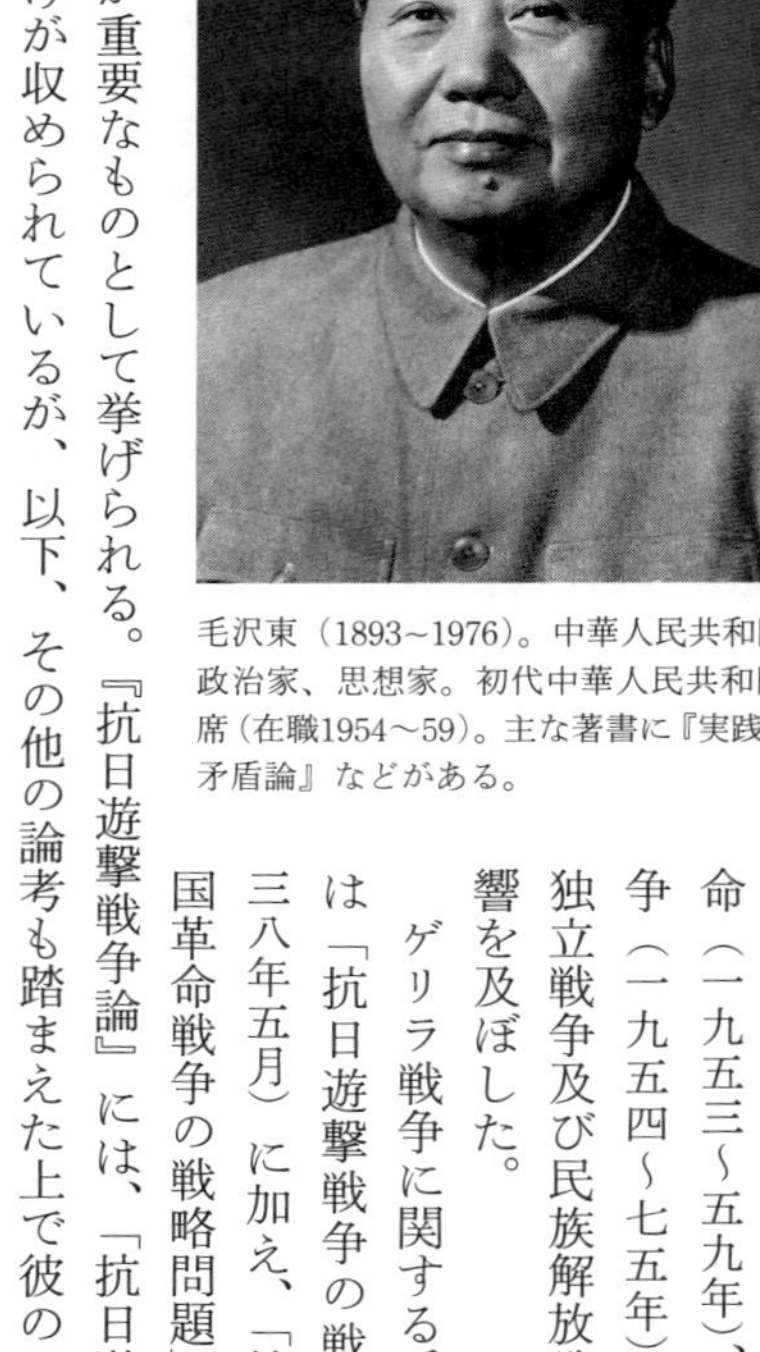
毛沢東（1893～1976）。中華人民共和国の政治家、思想家。初代中華人民共和国主席（在職1954～59）。主な著書に『実践論・矛盾論』などがある。

戦争（一九五四～六二年）、キューバ革命（一九五三～五九年）、ヴェトナム戦争（一九五四～七五年）など世界中の独立戦争及び民族解放戦争に大きな影響を及ぼした。

ゲリラ戦争に関する毛沢東の論考には「抗日遊撃戦争の戦略問題」（一九三八年五月）に加え、「持久戦論」、「中国革命戦争の戦略問題」、「戦争と戦略の問題」が重要なものとして挙げられる。『抗日遊撃戦争論』には、「抗日遊撃戦争の戦略問題」だけが収められているが、以下、その他の論考も踏まえた上で彼のゲリラ戦理論を紹介しておこう。

兵力と資源の不足という日本軍の弱点に付け込んで、ゲリラ戦争を主とした持久戦に戦争全体を持ち込めば、最終的な勝利は中国が得るであろうというのが毛沢東の戦略であった。「敵進我退、敵駐我攪、敵疲我打、敵退我追」（敵が進めば退き、敵が駐まれば攪乱し、敵が疲れれば攻撃し、敵が退けば追う）との戦い方である。

前述したロレンスのゲリラ戦理論は、基本的には戦術及び作戦次元に留まるものであり、簡単に言えば、戦場での戦い方を具体的に説明した教範（マニュアル）であった。この点については、内容に多少の違いがあるものの、キューバ革命を成功に導いたエルネスト・チェ・ゲバラの『ゲリラ戦』も、一九五四年にヴェトナムのディエン・ビエン・フーの地でフランス軍を敗北へと追い込んだヴォー・グエン・ザップの『人民の戦争・人民の軍隊』も、ゲリラの戦術及び作戦次元の戦い方を示したものである。

エルネスト・チェ・ゲバラ（1928〜67）。アルゼンチンの政治家、革命家。1956年、カストロ等と共にゲリラ戦争を開始。67年に射殺された。

他方、毛沢東はゲリラ戦争で政治が果たす決定的なまでに重要な役割に注目した点で、他のゲリラ戦争の理論家とは一線を画す。彼にとってゲリラ戦争とは、新たな国家の樹立という明確な政治目的を達成するための手段であり、そうした戦いの成功の鍵は、何と言っても今後、新たな国家の国民となる人々をどれだけ多く味方に付けるかという点にあった。

さらに、ロレンスが唱えたゲリラによる「ヒット・エンド・ラン」を主とした戦い方だけでは敵を完全に撃滅できないことに気付いたのも毛沢東であった。彼によれば、敵を完全に撃滅し、新たな国家を樹立する過程では、ゲリラの活動だけでは不十分であり、正規軍の展開を常に中心に考えた上でゲリラには補助的な役割を与える必要があるという。

毛沢東のゲリラ戦争(遊撃戦争)理論

「抗日遊撃戦争の戦略問題」で毛沢東は、戦争の基本原則を「自己を保存し、敵を消滅すること」と定義する。また、中国は「大きくて弱い国」で日本は「小さくて強い国」であるが、日本軍の弱点に付け込んで、ゲリラ戦争を主とした持久戦に持ち込めば、中国が勝利すると唱えた。

「抗日遊撃戦争」とは、「内線」で正規軍の作戦に呼応することではなく、「外線」で単独に作戦を行うことである(「内線」、「外線」という概念は、本書第二章で論じたアントワーヌ・アンリ・ジョミニが唱えたもの)。

そこでは、①主動的に、弾力的に、計画的に、防御戦の中で進攻戦を、持久戦の中で速決戦を、内線作戦の中で外線作戦を実行すること、②正規戦争との呼応、③根拠地の建設、④戦略的防御と戦略的進攻、⑤運動戦への発展、⑥正しい指揮関係、が唱えられている。例えば、①では、防御と進攻、持久と速決、内線と外線の関係性、全ての行動において主動的地位に立つこと、兵力の弾力的な使用、全ての行動の計画性、が示され、④では、「戦争が長期かつ残虐なものである以上、遊撃隊に必要な鍛錬を受けさせて、次第に正規軍に変えることが可能であり、そのため、その作戦方法も、次第に正規化し、遊撃戦が運動戦に変わるのである」とされた。

また、ゲリラ戦争と政治の関係性についてはクラウゼヴィッツ的な戦争観が示されており、併せて低次の階級への権限の委任が唱えられている。

ヴォー・グエン・ザップのゲリラ戦争理論

『人民の戦争・人民の軍隊』でヴェトナム戦争において活躍したヴォー・グエン・ザップは、戦争の勝因（一九五九年時点）を、戦略や戦術の的確さ、戦闘形態の選択の適切さ、ヴェトナム人民軍の英雄主義、などに求めている。

ヴォー・グエン・ザップ（1911〜2013）。ヴェトナムの軍人、政治家、革命家。第二次世界大戦中は抗日ゲリラ戦争を指導。ヴェトナム戦争では南ヴェトナムの解放に成功。1976〜91年に副首相。

併せて、ヴェトナムの人々が勝利したのは、同地での解放戦争が、①人民の戦争であったから、②長期戦の戦略、③ゲリラ戦争——経済的後進国の人々が、強力な装備を有し、よく訓練された侵略軍に対して起ち上がった時の戦争形態——が有用であった、とする。敵が強ければ、敵をかわし、敵が弱ければ、敵を攻める。定まった境界線などはなく、敵の見える至るところ全てが戦線、との発想である。
事実、①主導性、②柔軟性、③迅速性、④意表性、⑤敏捷性、がディエン・ビエン・フー（一九五四年）とテト攻勢（一九六八年）の成功に繋がった。

おわりに——ゲリラ戦争への対抗策

なるほどロレンスに対する評価は今日でも分かれているが、確実に言えることは、「アラブの反乱」がイギリスの国益に反しないことを確かにするために彼が果たした大きな役割についてである。同時に、彼はアラブの人々にゲリラの戦い方を教えるための軍事顧問であった。もちろん、「アラブの反乱」に対するフランスの影響力を排除することもロレンスには求められていた。

もとより、例えば二〇〇七年のイラクでのアメリカ軍の増派決定（「サージ」）に続く同国軍人デヴィッド・ペトレイアスによる対ゲリラ戦略——「人を殺すことではなく、人の心を摑むこと」、「弾丸ではなく金（人々の生活及び仕事）」——に代表されるように、ゲリラ戦争への対抗策は常に議論され、実践された。あからさまに軍事力を用いるのではなく、現地の人々と触れ合い、現地の人々の生活を安定化させる、といった対抗策である。

実は、こうした対抗策をいち早く模索し始めたのは、一九世紀のいわゆるヨーロッパ帝国主義の時代のイギリス及びフランスであり、とりわけイギリスでは植民地での「小さな戦争（small war）」（チャールズ・エドワード・コールウェル）への効果的な対抗策が用いられたが、マラヤ（マレーシア）はその代表的な事例である。

最後に、はたしてゲリラ戦争は今日でも効果的な戦い方であろうか。ロレンスの指摘を待つまでもなく、ゲリラ戦争で最終的に勝利を得るためには人々の協力が必要なことは明らかであるが、それと同等に重要な条件は、外部からの支援を多く取り付けることである。ヴェトナム戦争でゲリラ側がアメリカに対し勝利した背後には、ソ連を中心とした東側共産圏からの物質的支援があったことは言うまでもない。

このように、冷戦期において地域紛争はソ連とアメリカの代理戦争の色合いが濃く、ゲリラ側はこの両者の対立を利用し、いずれかの陣営から物質的支援を取り付けることができた。しかし、冷戦が終結した今日、ゲリラ側がこうした国際政治の対立を利用して物質的支援を受けることが難しくなってきた。

また、各種のメディアが発達した今日では、国際世論の動向がゲリラ戦争の成功に重要な影響を及ぼすことが考えられる。好意的な国際世論を喚起するには、ゲリラ側は国際社会の人道主義に訴えることが重要になる。具体的には、国際社会の共感を得るにはゲリラ側が弱く、無垢の犠牲者であるという印象を与える必要がある。

しかし、国際社会の共感を得るためにゲリラ側が自らの弱みを見せたとしても、賢明な相手はゲリラ側の実状を見抜き、ゲリラ側を攻撃する誘因が逆に上がるかもしれない。

また、ゲリラ戦争が最終的に勝利を収めるためには、毛沢東が鋭く指摘したように「ヒット・エンド・ラン」を主とした防御的な戦い方から攻勢的な通常戦争へと発展させる必要がある。多くの流血と犠牲を伴うこの段階の戦いにおいて、メディアがゲリラ側を好意的に扱うとは限らない。そうしてみると、ゲリラ戦争を成功させるためには、外部からの支援の獲得や国際世論の動向といった問題など、多くの障害があるように思われる。

何れにせよ、今日の国際情勢を俯瞰(ふかん)すると世界各地で戦われている戦争及び武力紛争は、発展途上国を中心として国家以外の主体(アクター)によるゲリラ戦争が圧倒的に多い。そのため、ゲリラ戦争を遂行し、勝利を収めた経験をまとめたロレンスの戦略思想は、今後とも受け継がれるであろう。

本章の参考文献

トマス・エドワード・ロレンス著、J・ウィルソン編、田隅恒生訳『知恵の七柱』平凡社、全五巻、二〇〇八年

トマス・エドワード・ロレンス著、小林元訳『砂漠の反乱』中公文庫、二〇一四年

B・H・リデルハート著、市川良一訳『リデルハート戦略論――間接的アプローチ』原書房、上下巻、

二〇一〇年
ローレンス・フリードマン著、貫井佳子訳『戦略の世界史——戦争・政治・ビジネス』日本経済新聞出版社、上下巻、二〇一八年
メアリー・カルドー著、山本武彦、渡部正樹訳『新戦争論——グローバル時代の組織的暴力』岩波書店、二〇〇三年
マーチン・ファン・クレフェルト著、石津朋之監訳『戦争の変遷』原書房、二〇一一年
ルパート・スミス著、佐藤友紀訳、山口昇監修『軍事力の効用——新時代「戦争論」』原書房、二〇一四年
喬良、王湘穂著、劉琦訳、坂井臣之助監修『超限戦——21世紀の「新しい戦争」』角川新書、二〇二〇年
エルネスト・チェ・ゲバラ著、五十間忠行訳『ゲリラ戦争——キューバ革命軍の戦略・戦術』中公文庫、二〇〇二年
ヴォー・グエン・ザップ著、眞保潤一郎、三宅蕗子訳『人民の戦争・人民の軍隊——ヴェトナム人民軍の戦略・戦術』中公文庫、二〇〇二年
毛沢東著、藤田敬一、吉田富夫、小野信爾訳『抗日遊撃戦争論』中公文庫、二〇一四年（特に同書の「抗日遊撃戦争の戦略問題」）

むすびにかえて――「戦略」を考える

本書では、人物に焦点を当てその軍事戦略思想について論じたが、そもそも戦略とは何か、そして何が戦略を形成するのであろうか。

こうした問題を考えるためには、当然ながら戦略という言葉の定義を明確にする必要があるが、残念ながら、戦略とは極めて多義的かつ曖昧な概念である。

アメリカの歴史家ウィリアムソン・マーレーの共編著『戦略の形成』の戦略決定のプロセスをめぐる論考「はじめに――戦略について」では、戦略という言葉を定義することがいかに困難であるかが指摘されている（ウィリアムソン・マーレー、マクレガー・ノックス、アルヴィン・バーンスタイン編著『戦略の形成――支配者、国家、戦争』〔石津朋之、永末聡監訳、歴史と戦争研究会訳、ちくま学芸文庫、上下巻、二〇一九年〕）。

戦略とは優れて敵・味方の相互作用をめぐる問題である。そして、「戦略とは偶然性、不確実性、そして曖昧性が支配する世界で、刻々と変化を続ける条件や環境に適応する恒常的なプロセスである」。確かに戦略とは、こうした不可測な要素が支配する領域である。

また、この論考では戦略形成というプロセスに影響を及ぼす要因として、①地理、②歴史、③文化・宗教・イデオロギー（これらを総称して「世界観」）、④経済、⑤政府組織・軍事組織、が挙げられている。さらに、同書の「おわりに――戦略形成における連続性と革命」では、過去に戦略を変化させ、また、将来においても戦略を変化させるであろう要因として、①官僚制度、②大衆政治、③イデオロギー、④技術、⑤経済力、が挙がっている。『戦略の形成』が出版された目的は、戦略をめぐる何らかの原理や原則を読者に提供することではなく、むしろ国家の指導者が戦略を形成する際に、あるいはその戦略を遂行した結果に対して、影響を及ぼし得る広範な要因の存在を示すことであった。

こうしてみると、やはり戦略とは多面性を備えた概念であり、だからこそ同書は、戦略思想家やある国家の政治体だけに注目しこれを分析する従来の研究手法を厳しく批判したのであろう。

従来の手法とはすなわち、エドワード・ミード・アール編著『新戦略の創始者――マキアヴェリからヒトラーまで』（山田積昭、石塚栄、伊藤博邦訳、原書房、上下巻、二〇一一年）、ピーター・パレット編『現代戦略思想の系譜――マキャヴェリから核時代まで』（防衛大学校「戦争・戦略の変遷」研究会訳、ダイヤモンド社、一九八九年）、さらに近年刊行された Hal Brands, ed., *The New Makers of Modern Strategy: From the Ancient World to the Digital Age* (Princeton and Oxford: Princeton University Press, 2023) に代表される著書であり、

最後の *The New Makers of Modern Strategy* は古代から今日までの戦略思想の「創始者たち」に焦点を当てた論考集で、古代ギリシアのトゥキュディデスや古代中国の孫子（孫武）に始まり、冷戦期及び「9・11アメリカ同時多発テロ事件」以降の「新たな」思想家も網羅している。人物の思想から戦略について論じるという意味では、本書も基本的にはこれらと同様である。

他方、マーレーは二〇一一年の別の共編著『大戦略の策定』の第一章「大戦略を考える」で、大国がとりわけ大戦略（グランド・ストラテジー）（国家戦略）を必要とするのは、その国家が「過剰拡大（オーバー・ストレッチ）」した時期であると指摘する（Williamson Murray, Richard Hart Sinnreich, James Lacey, eds., *The Shaping of Grand Strategy: Policy, Diplomacy, and War* (Cambridge: Cambridge University Press, 2011)）。

大国は自らの過剰拡大に直面した国際環境において困難な選択を求められる。その結果、大戦略とは大国にとって資源と利益などの均衡を逸した状況下で、現実に適応する能力に関することになる。換言すれば、大戦略とはリスクの均衡を図ることであり、その均衡の妥当性を確実にすることである。

興味深いことに、アメリカの国際政治学者ジョン・ルイス・ギャディスも大戦略を「無限に大きくなり得る願望と必然的に有限である能力を合わせること」、つまり「均衡（バランス）を図る」ことと定義している（ジョン・ルイス・ギャディス著『大戦略論』［村井章子訳、早川書房、二〇一八年〕)。

さらにマーレーは、大戦略あるいは大戦略の成功のための原理及び原則など存在しないと指摘する。重要なのは、いかなる文脈(コンテクスト)の下でそれが生まれたかである。逆に、理論や抽象的な原則、さらには政治科学的モデルでは、大戦略の本質など絶対に理解し得ない。なぜなら、大戦略は流動する国際環境の中でのみ存在しているからである。

戦略あるいは国家政策としての戦略が、科学(サイエンス)というよりは、むしろ術(アート)であるとすれば、マーレーの解釈に加え、もう少し文学的な表現を用いてその本質に近付くことも可能であろう。

例えば、今日の戦略を理解するための最も有用な類比(アナロジー)としてしばしば引き合いに出されるのは、それが「フランス人農夫の作るスープ」であるとするものである。すなわち、一週間もの長きにわたって様々な食材が無造作に鍋に放り込まれ、そして、その都度食されるといった類(たぐい)のものであり、正式なレシピなど殆ど分からない。だが、個々の食材がスープに投じられているのは疑いようのない事実である。

また、イギリスの国際政治学者ローレンス・フリードマンは『戦略の世界史』で、戦略は、同じ人物が登場しながらも一連のエピソードを通じて筋書き(プロット)を展開していく「ソープオペラ」に喩えることが適当であるとの興味深い指摘をした(ローレンス・フリードマン著『戦略の世界史――戦争・政治・ビジネス』〔貫井佳子訳、日本経済新聞出版社、上下巻、二〇一八年」)。
「ソープオペラ」は、物語がどのように展開し、どのように終了するか決まっていない。物語の展開の変化を受け入れる余地があるのである。これと同様、戦略もその筋書きに高い自由度を認める必要があることから、総じて戦略は、次の段階へと展開するものの、それが最終的な目的とはならないのである。

なるほど戦略は、指導力（リーダーシップ）、ヴィジョン、直観、プロセス、適応、国家に固有かつ特異な発展の影響、地理的位置の影響など、多数の要素から構成されているが、そこには何らかの優先順位が存在する訳でなく、こうした要素が混在しているだけとの表現が妥当である。

その中でも特にマーレーは、前述の地理、歴史、世界観、政府組織の特性など、さらには同盟や個人の資質といった要素を重視しているに過ぎない。

そうしてみると、戦略について考えるべき問題は、例えば、地理的位置がどのように戦略の策定に影響を及ぼすのか、政府の特性がどのように戦略の発展に影響を及ぼすのか、戦略の成功及び失敗に同盟の役割あるいは単独主義がいかに作用するのか、さらに、首尾一貫した戦略を保持した結果として大国の地位を確保し維持し得た事例とはいかなるものか、などである。

戦略が成功するためには、絶え間ない変化と適応が求められる。政治の圧力及び緊張という文脈の下、意思決定のプロセスという文脈の下、さらには、ある目標を定めたとしても、その後、自らの計算を不可避的に外部環境に適応させなければならない状況の下、戦略が形成されるからである。

なるほど最終的な目標（ゴール）は明確であるかもしれない。だが、そのために利用可能な手段、そしてその道筋（ロードマップ）は不確かである。その結果、こうした困難な現実を克服するためにも戦略には、冷徹に計算された判断だけでなく、直観という不可測な要素が求められるのである。

結局のところ、戦略とは何かについて少しでも理解するためには、政治指導者や軍事指導者が過去に直面した不明瞭かつ不明確な状況を把握することから始めなければならない。同時に、こうした指導者が将来において直面するであろう困難についても把握することが求められる。

そして、こうした状況を把握することが戦略を成功させるための第一歩であり、戦略の成功のために何か決定的な秘策あるいは近道があるわけではないのである。

思えば、戦略という言葉の多義性や曖昧性については以前から指摘されてきた。

この言葉が、ギリシア語の「ストラテゴス」（strategos）あるいは「ストラテギア」（strategia）に由来する事実はよく知られるが、ストラテゴスとは戦時において軍隊の指揮を執るためアテネ市民から選ばれた文民及び軍人官僚（あるいは、その双方の資質を備えた一人の人物）を指し、ストラテギアとは「将軍の知識」を意味するとされる。
このように、戦略という言葉の起源は狭義の軍事の領域に求めることができる。だが、その後、この言葉は徐々にではあるが時代の要請に応じる形でその意味するところを拡大してきた。

戦略について思いをめぐらせる際、プロイセン（ドイツ）の戦略思想家カール・フォン・クラウゼヴィッツやイギリスの戦略思想家バジル・ヘンリー・リデルハートが示した定義は、議論の出発点として今日でもしばしば引用される。

例えば、クラウゼヴィッツはその著『戦争論』で戦略を、「戦争目的を達成するための手段として戦闘を用いる術（クンスト）」と定義した。「換言すれば、戦略は戦争計画を作成し、戦争を構成する複数の戦闘の予定を計画し、そして、個々の戦闘において遂行される戦闘行為を規定するものである」（カール・フォン・クラウゼヴィッツ著『戦争論』［清水多吉訳、中公文庫、上下巻、二〇〇一年］）。当然ながら、この定義が示唆していることは、戦略とは政治の領域を含んだ広い概念であるという点である。

一方、リデルハートはその著『戦略論』で戦略という言葉を、「政治目的を達成するために軍事的手段を配分・適用する術（アート）」と定義したが、彼のこの定義も、戦争や戦略の政治性を雄弁に物語るものとして、今日では広く一般に受け入れられている（B・H・リデルハート著『リデルハート戦略論――間接的アプローチ』［市川良一訳、原書房、上下巻、二〇一〇年」）。

実は、国家政策の次元での戦略という概念を最初に打ち出した人物はイギリスの海軍戦略思想家ジュリアン・コルベットであり、彼は国家政策の次元での戦略を「主要戦略」と名付け、軍事の次元における「副次的戦略」と明確に区別した。これを受けてリデルハートやJ・F・C・フラーが「大戦略（グランド・ストラテジー）」という概念を提唱した。

その後、例えば前述のアールはその編著『新戦略の創始者』で、「今日の世界では戦略とは、国家資源の統制、その利用法、ならびに（軍隊を含めた）国家間の協力、それらの生命線の確保、国益の増進などを包含し、敵の現実的・潜在的な攻撃、さらには時として攻撃すると予測される敵に対応する術（アート）までその領域に含まれる」と述べ、また、イギリスの歴史家マイケル・ハワードに至っては『第二次世界大戦におけるイギリスの大戦略（グランド・ストラテジー）』シリーズの自著で、「二〇世紀前半の大戦略（グランド・ストラテジー）とは、戦時における国家政策の目標を達成する目的で、基本的に富、人員（マンパワー）、工業力という国家資源の動員及び配分、そして同盟諸国の国家資源、可能であれば中立諸国の国家資源をも動員及び配分することである」と論じた。

当然ながら、この時期に戦略という言葉がその意味するところを拡大した背景には、戦争が全ての国民を巻き込んだ総力戦——第一次世界大戦及び第二次世界大戦——へと変貌を遂げた事実、そして、二〇世紀後半の核兵器の登場及びその威力の強大化がある。まさに戦争は、軍人だけに任せておくにはあまりにも重要な企て(ビジネス)になった（ジョルジュ・クレマンソー）のであり、さらに軍人や政治家だけに任せておくにはあまりにも重要な国民の企て(ビジネス)になったのである。

その意味において、本書が読者の皆さんに思索のための何らかの示唆を提供することができればと期待する。

最後になったが、本書の企画段階から刊行までの間、拙い拙稿を辛抱強く読んで下さり、多くの的確な助言を頂戴した平凡社編集一課新書編集部の平井瑛子さんには、この場を借りて厚く御礼申し上げたい。平井さんの心温まる励ましの言葉がなければ、本書が刊行することなど決してなかったであろう。

二〇二四年一二月

石津朋之

【著者】
石津朋之（いしづ ともゆき）
戦争歴史家、防衛省防衛研究所戦史研究センター国際紛争史研究室主任研究官。専門は戦争学、平和学、戦略思想。著書に『戦争学原論』（筑摩選書）、『リデルハート――戦略家の生涯とリベラルな戦争観』（中公文庫）、『総力戦としての第二次世界大戦――勝敗を決めた西方戦線の激闘を分析』『軍事史としての第一次世界大戦――西部戦線の戦いとその戦略』（いずれも中央公論新社）などがある。

平凡社新書1075

10人の思想家から学ぶ 軍事戦略入門

発行日――2025年2月14日 初版第1刷

著者――石津朋之
発行者――下中順平
発行所――株式会社平凡社
〒101-0051 東京都千代田区神田神保町3-29
電話 (03) 3230-6573［営業］
ホームページ https://www.heibonsha.co.jp/
印刷・製本―株式会社東京印書館
装幀――菊地信義

©ISHIZU Tomoyuki 2025 Printed in Japan
ISBN978-4-582-86075-7

落丁・乱丁本のお取り替えは小社読者サービス係まで
直接お送りください（送料は小社で負担いたします）。

【お問い合わせ】
本書の内容に関するお問い合わせは
弊社お問い合わせフォームをご利用ください。
https://www.heibonsha.co.jp/contact/

平凡社新書　好評既刊！

886 日本軍ゲリラ　台湾高砂義勇隊　台湾原住民の太平洋戦争　菊池一隆
日本植民地下、南洋戦場に動員された台湾原住民の、あまりに過酷な戦闘の真実。

996 リスクコミュニケーション　多様化する危機を乗り越える　福田充
複雑化する世界を乗り越えるための「リスクコミュニケーション」を知る一冊！

1000 日本の闇と怪物たち　黒幕、政商、フィクサー　佐高信　森功
許永中、葛西敬之、竹中平蔵、統一教会……政財官の裏に躍ったキーマンを追う。

1005 新中国論　台湾・香港と習近平体制　野嶋剛
「台湾・香港」の状況を知ることで深刻化する「中国問題」の実像に迫る一冊。

1032 科学技術の軍事利用　人工知能兵器、兵士の強化改造、人体実験の是非を問う　橳島次郎（ぬでしま）
古今東西、ともに発展してきた科学技術と軍事開発。現状喫緊の課題を考える。

1034 ウクライナ戦争　即時停戦論　和田春樹
ロシアとウクライナに必要なのは、武器でも金でもない。停戦交渉の場である！

1038 トルコ100年の歴史を歩く　首都アンカラでたどる近代国家への道　今井宏平
存在感を高めつつあるトルコ共和国の歴史を現地在住の気鋭の学者と辿る一冊！

1057 民間軍事会社　「戦争サービス業」の変遷と現在地　菅原出
戦地と紛争地に民間軍事会社あり。政府や軍隊等と支援する企業の実態に迫る。

新刊、書評等のニュース、全点の目次まで入った詳細目録、オンラインショップなど充実の平凡社新書ホームページを開設しています。平凡社ホームページ https://www.heibonsha.co.jp/ からお入りください。